农作物病虫害原色图谱丛书

棉花病虫害原色图谱

赵文新　孙红霞　主编

河南科学技术出版社
· 郑州 ·

图书在版编目（CIP）数据

棉花病虫害原色图谱 / 赵文新, 孙红霞主编. —郑州：河南科学技术出版社, 2017.6
（农作物病虫害原色图谱丛书）
ISBN 978-7-5349-8369-6

Ⅰ. ①棉⋯　Ⅱ. ①赵⋯　②孙⋯　Ⅲ. ①棉花−病虫害防治−图谱　Ⅳ.①S435.62-64

中国版本图书馆CIP数据核字(2017)第006485号

出版发行：河南科学技术出版社
　　　　　地址：郑州市经五路66号　　邮编：450002
　　　　　电话：（0371）65737028　65788613
　　　　　网址：www.hnstp.cn
策划编辑：周本庆　陈淑芹　杨秀芳　　编辑信箱：hnstpnys@126.com
责任编辑：陈淑芹
责任校对：崔春娟
装帧设计：张德琛　杨红科
责任印制：张艳芳
印　　刷：河南瑞之光印刷股份有限公司
经　　销：全国新华书店
幅面尺寸：148 mm × 210 mm　　印张：3.5　　字数：100千字
版　　次：2017年6月第1版　　2017年6月第1次印刷
定　　价：25.00 元

如发现印、装质量问题，影响阅读，请与出版社联系。

内容提要

　　本书以文字说明与照片相结合的方式，选择棉花田常见的24种（类）病虫害，详细介绍了其分布为害、症状（形态）特征、发生规律及防治措施，选配原色图片154张，重点突出病害田间发展不同时期症状和虫害不同形态的识别特征。本书图文并茂，图片清晰，内容丰富，技术先进，文字通俗易懂，适合各类农业技术人员、农药营销人员、广大农民和农业院校相关专业师生等阅读参考。

农作物病虫害原色图谱丛书

编撰委员会

总编撰：吕国强

委　员：赵文新　张玉华　彭　红　王　燕　李巧芝　王朝阳

　　　　胡　锐　朱志刚　邢彩云　柴俊霞

《棉花病虫害原色图谱》

编写人员

主　　编：赵文新　孙红霞

副 主 编：张迎彩　吕琪卉　张　彬　孙　飞　杨玉品　姜道威

　　　　　崔荧均

编　　者：王秀芹　吕琪卉　孙　飞　孙红霞　乔　爽　张迎彩

　　　　　张　彬　张　钢　李秀霞　赵文新　杨玉品　姜道威

　　　　　黄　巍　崔荧均

总　序

　　我国是世界上农业生物灾害发生严重的国家之一，常年发生的为害农作物有害生物（病、虫、鼠、草）1 700多种，其中可造成严重损失的有100多种，有53种属于全球100种最具危害性的有害生物。许多重大病虫害一旦暴发成灾，不仅危害农业生产，而且影响食品安全、人身健康、生态环境、产品贸易、经济发展乃至公共安全。马铃薯晚疫病、水稻胡麻斑病、小麦条锈病的跨区流行和东亚飞蝗、稻飞虱、稻纵卷叶螟的暴发危害都曾给农业生产带来过毁灭性的损失；小麦赤霉病和玉米穗腐病不仅影响粮食产量，其病原菌产生的毒素还可导致人畜中毒和致癌、致畸。专家预测，未来相当长时期内，农作物病虫害发生将呈持续加重态势，监测防控任务会更加繁重。《国家粮食安全中长期规划纲要（2008—2020年）》提出，要通过加大病虫监测和防控工作力度，到2020年，使病虫危害的损失再减少一半，每年再多挽回粮食损失1 000万t。农业部于2015年启动了"到2020年农药使用量零增长行动"，对植保工作提出了新的要求。在此形势下，迫切需要增强农业有害生物防控能力，科学有效地控制其发生和为害，确保人与自然和谐发展。

　　河南地处中原，气候温和，是我国大区域流行性病害和远距离迁飞性害虫的重发区，农作物病虫害种类多，发生面积大，暴发性强，成灾频率高，据不完全统计，每年各种病虫害发生面积达6亿亩次以上，占全国的1/10，对农业生产威胁极大。近年来，受全球气候变暖、耕作制度变化、农产品贸易频繁等多因素的综合影响，主要农作物病虫害的发生情况出现了重大变化，常发病虫害此起彼伏，新的发生不断传入，田间危害损失呈逐年加重趋势。而另一方面，由于病虫防控时效性强，技术要求高，加之目前我国从事农业生产的劳动者，多数不具备病虫害识别能力，因混淆病虫害而错用或误用农药造成防效欠佳、残留超标、污染加重的情况时有发生，迫切需要一部浅显易懂、图文并茂的专业图书，来指导农民科学防控病虫害。鉴于此，我们组织省内有关专家编写了这套农作物病虫害原色图谱丛书。

该套丛书分《小麦病虫害原色图谱》《玉米病虫害原色图谱》《水稻病虫害原色图谱》《大豆病虫害原色图谱》《花生病虫害原色图谱》《棉花病虫害原色图谱》《蔬菜病虫害原色图谱》7 册，共精选 350 种病虫害原色图片 2 000 多张，在图片选择上，突出病害田间发展和害虫不同时期的症状识别特征，同时，还详细介绍了每种病虫的分布区域、形态(症状)特点、发生规律及综合防治技术，力求做到内容丰富，图片清晰、图文并茂，科学实用，适合各级农业技术人员和广大农民阅读，也可作为植保科研、教学工作者参考。

农作物病虫害原色图谱丛书是 2015 年河南省科技著作项目资助出版，得到了河南省科学技术厅与河南省科学技术出版社的大力支持。河南省植保推广系统广大科技人员通力合作，深入生产第一线辛勤工作，为编委会提供了大量基础数据和图片资料，河南农业大学、河南农业科学院有关专家参与了部分病虫害图片的鉴定工作，在此一并致谢！

希望这套系列图书的出版对于推动我省乃至我国植保事业的科学发展发挥积极作用。

河南省植保植检站副站长、研究员

河南省植物病理学会副理事长　　吕国强

2016 年 8 月

前 言

棉花在我国具有悠久的历史，是我国重要的经济作物，常年种植面积6 000余万亩，种植面积和产量均居世界前三位，在国民经济中有着重要的地位。我国主要有新疆、黄河流域及长江流域三个主要产棉区。受气候等因素的影响，在我国为害棉花的病虫种类繁多，为害严重，常年因病虫为害造成的产量损失达10%～20%，严重的达到30%以上。

随着20世纪90年代中期以来转Bt（苏云金芽孢杆菌）基因抗虫棉的扩大种植及气象条件的改变、栽培制度的改革，棉花主要病虫的种类和为害特点发生了很大变化，原来的次要害虫如棉盲蝽、烟粉虱等上升为主要害虫。尽管棉铃虫、棉红铃虫等害虫短期内为害程度有所缓解，但其他常发性病虫为害依然猖獗，田间化学农药使用量和使用次数居高不下，严重影响了环境和生态安全。

棉花病虫害识别与防控时效性强，对专业技术知识要求高，而目前我国基层植保人员力量薄弱，从事农业生产的劳动者多数不具备病虫害的识别能力，经常混淆病虫害，导致错误或延误用药的情况时有发生，所以迫切需要浅显易懂、图文并茂的专业图书，来科学指导病虫害防治工作。

本书在总结、借鉴前人及在生产实践中探索出的科学防治棉花病虫害的技术与方法的同时，精选出病虫害原色图片154张，涉及棉花田常见的24种（类）病虫害。本书内容重点突出病害田间发展不同时期的症状和害虫不同形态的识别特征，以文字说明与原色图谱相结合的方式，详细介绍了每种病害的分布与为害、症状（形态）特征、发生规律及防治措施。本书文字通俗易懂，图文并茂，涉及的防治技术先进，适合各级农业技术人员、植保专业化服务组织（合作社）、种植大户、农药营销人员、广大农民和农业院校相关专业师生等阅读参考。

在本书的编写过程中，得到了河南省植物保护推广系统广大科技人员的大力支持，在此一并致谢！

　　由于编者研究水平有限，加之受基层拍摄设备等因素的限制，书中图片、文字资料若有谬误之处，敬请广大读者、同行不吝指正，以便进一步修订。

编者

2015 年 10 月

目录

第一部分 棉花病害

一、 棉花黄萎病

分布与为害

棉花黄萎病在全国主要棉区均有分布，多与枯萎病混合发生，造成棉花严重减产（图1）。

图1　棉花黄萎病严重发生田块

症状特征

棉花黄萎病为系统性侵染病害，整个生育期均可发病。一般在3~5片真叶期开始显症，棉花现蕾后田间大量发病。感病初期，在植株下部叶片的叶缘和叶脉间出现淡黄色病斑（图2、图3），病斑逐渐扩大并褪绿变黄，叶片边缘向下卷曲（图4），叶片变厚发脆。随着病情发展，病斑边缘至中

图2　黄萎病显症初期

心颜色逐渐加深，但靠近主脉处不褪色，呈黄色掌状斑纹，后期叶片

图3　黄萎病在棉株下部叶片发病

图4　黄萎病病叶

焦枯，由下而上脱落。发病严重时，整张叶片枯焦破碎，脱落成光杆（图5）。剖削病株根、茎和叶柄，可见木质部变成淡褐色，是该病诊断的重要特征（图6）。由于品种抗病性不同，每年气象条件不同，黄萎病可表现不同类型的症状。

1. 黄色斑驳型 这是棉花黄萎病最常见的病型。发病初期，病叶边缘和叶脉之间的叶肉部分局部出现淡黄色斑块，形状不规则。随着病势的发展，淡

图5 黄萎病病株后期

黄色的病斑颜色逐渐加深，呈黄色至褐色，病叶边缘向下卷曲，主脉及附近的叶肉仍然保持绿色，整个叶片呈掌状枯斑，似西瓜皮状。感病严重的棉株，整个叶片枯焦破碎，脱落成光杆。有时在病株的茎基

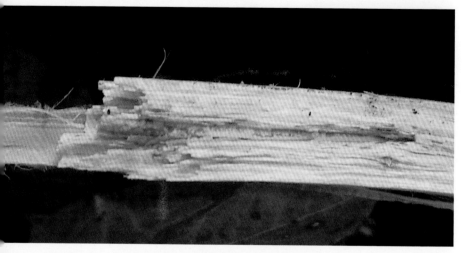

图6 黄萎病病株木质部变成淡褐色

部或叶腋处，可长出赘芽和枝叶。

2. 落叶型 发病初期与黄色斑驳型症状相似，叶脉间叶肉褪绿，出现黄色斑驳，但发病速度较快，3~5 d 整株大部分叶片失水变黄白色，叶片变薄，变软，很容易脱落。

病株一般不矮缩，可少量结铃，但早期发病重的植株较矮小。开花结铃期病株，遇夏季久旱暴雨或经大水浸泡后易出现急性型萎蔫症状，棉株突然萎垂，叶片呈水烫状，随即脱落成光杆，造成严重减产。

3. 早期落叶型 20 世纪 90 年代以后，随着黄萎病逐年加重，在重病田 6 月中旬即出现大片光杆的病株。病株一般从中部开始发病，叶片失水、颜色变浅、萎蔫下垂，重者干枯下卷，然后落叶，只留生长点，产量损失严重。

在重病区，种植感黄萎病品种的情况下，6 月下旬至 7 月上旬、7 月下旬至 8 月上旬、8 月下旬至 9 月上旬均有可能出现黄萎病落叶型症状。

发生规律

病株各部位的组织均可带菌，病叶作为病残体存在于土壤中是该病传播的重要菌源。棉籽带菌率很低，却是远距离传播的重要途径。病菌的分生孢子长卵圆形，单胞孢子无色。孢壁增厚形成黑褐色的厚垣孢子，许多厚壁细胞结合成近球形的微菌核，微菌核抗逆性强，能耐 80 ℃高温和 -30 ℃低温，在土壤中可存活 8~10 年。此外，田间还可通过土壤、粪肥、病残体、雨水、灌溉水及农事活动等途径传播。

病菌在土壤中直接侵入根系，进入根系导管并在其中繁殖，产生分生孢子及菌丝体，堵塞导管，影响棉花生长发育。同时，菌丝产生的毒素也是致病的重要因子，具有很强的致萎蔫作用。一般在棉花播种 1 个月后（6 月底）开始出现病株，发病晚于枯萎病，于 7~8 月开花结铃期进入发病高峰。发病最适温度为 25~28 ℃，低于 25 ℃或高于 30 ℃发病缓慢，超过 35 ℃则为隐症。如遇多雨年份，湿度过高而温度偏低，则黄萎病发展迅速，病株率可成倍增长。连作、偏施氮肥和有机质丰富的棉田发病重，大水漫灌可加速病害发生和病区扩大。

防治措施

1. **加强检疫** 不在病田繁种，不从疫区调运棉种。

2. **农业防治** 种植抗耐病品种；轻病田拔除病株，并进行土壤消毒；轮作换茬，改种禾谷类作物，重病田实行水旱轮作 2~3 年，或与小麦、玉米、油菜等轮作 3~4 年；适时播种，清洁棉田，深翻土壤，早中耕，及时排水，增施基肥和磷钾肥，不用带菌的棉籽饼、棉秆和畜粪作肥料。

3. **化学防治**

（1）土壤和种子消毒：土壤消毒用棉隆原粉每平方米 70 g 拌入 30~40 cm 深土中，再浇水封盖健土。也可用浓氨水消毒。种子消毒用硫酸脱绒和清水反复冲洗后，用 80% 乙蒜素乳油 2 000 倍液，加温到 55~60 ℃，温汤浸闷种子 30 min，取出播种或晾干备用，或用清水 50 kg 加入 50% 多菌灵胶悬剂 375 g，配成药液浸泡脱绒棉种 20 kg，常温下冷浸 14 h。

（2）灌根：发病初期用 3% 噁霉灵·甲霜灵水剂 300 ~ 500 倍液，或 12.5% 多·水杨酸悬浮剂 250 倍液，或 70% 甲基硫菌灵可湿性粉剂 1 000 倍液，每株浇灌 50 mL，可减轻为害。

（3）喷雾：发病初期，用 12.5% 多·水杨酸悬浮剂 250 倍液，或 3% 噁霉灵·甲霜灵水剂 300~500 倍液喷雾，10 d 喷 1 次，连喷 3~4 次。

二、 棉花枯萎病

分布与为害

棉花枯萎病在我国各棉区均有分布，与棉花黄萎病同称为棉花的"癌症"，一旦发生难以根除，常造成严重减产。

症状特征

棉花枯萎病为系统性侵染病害，也是典型的维管束病害。得病后棉株维管束变成黑褐色，症状常表现多种类型。苗期有黄色网纹型、青枯型、黄化型、皱缩型、紫红型等；蕾期有皱缩型、半边黄化型、枯斑型、顶枯型、光杆型等。有时一块田同时出现几种症状，有时与棉花黄萎病混合发生，症状更为复杂，但都有共同特征：成株期植株矮化，根茎部导管呈深褐色，剖削根茎可见明显深褐色条纹，自根部到顶端形成一条直线（图1）。

1. **黄色网纹型** 病苗叶片叶脉褪绿变黄，中间叶肉保持绿色，

图1 棉花枯萎病病株维管束变色状

形成黄色网纹状。开始多发生在叶片边缘，随后病斑扩大，叶片枯萎脱落。温暖高湿条件下易出现（图2）。

2. 紫红型或黄化型 叶片变成紫红色或黄色，网纹不明显，并逐渐萎蔫死亡。气温较低时易出现（图3）。

3. 青枯型 全株或半边叶片急性青枯死亡，但叶片在短期内仍能保持绿色。常在天气急剧变化，特别是雨后天晴时易出现（图4）。

4. 皱缩型 叶色深绿、皱缩、增厚，轻病株仍能存活，

图2 棉花枯萎病（黄色网纹型）（引自沈其益）

图3 棉花枯萎病（紫红型）（引自沈其益）

图4 棉花枯萎病（青枯型）（引自沈其益）

重病株叶片萎蔫干枯脱落，提前枯死（图5）。

在枯萎病、黄萎病混生地区，两病可以同时发生在同一棉株上，叫作同株混生型。有的以枯萎病症状为主，有的以黄萎病症状为主，症状表现更为复杂，应注意加以区分（表1）。

图5　棉花枯萎病（皱缩型）（引自沈其益）

表1　棉花枯萎病与黄萎病症状比较

	枯萎病	黄萎病
发病始期	子叶期开始发病	现蕾期开始发病
大量发病期	6月下旬现蕾期	8月下旬花铃期
叶形	常变小、皱缩，易焦枯	大小正常，主脉间叶肉变黄干枯，呈掌状，叶缘向下翻
叶脉	常变黄，呈黄色网纹状	叶脉保持绿色
落叶情况	5~6片真叶期即可脱落成光杆，枯死	一般后期叶片提早变黄干枯，也有6月下旬至8月上旬便早期落叶的情况
株型	常矮缩，节间缩短	除重病株外一般不矮缩
剖茎症状	根、茎内部维管束变色较深，呈深褐色条斑状	根、茎内部维管束变色较浅，呈浅褐色条纹状

发生规律

病菌以菌丝体和厚垣孢子在种子、棉籽饼、棉籽壳、病残体及混有病残体的土壤、粪肥内越冬，成为翌年初侵染源。在田间随流水及农事操作传播，运输带菌种子或棉籽饼可造成病害的远距离传播。病菌可在土壤中存活 6~10 年，主要从根部伤口或根毛侵入，在导管内生长繁殖，分泌内毒素毒害导管组织，致使水分和养料输送困难，造成棉株凋萎、矮缩、枯黄。子叶期至结铃吐絮期均可发病，以 5 片真叶到蕾铃期发病较重，为害盛期多在现蕾期。发病适温 25~28 ℃，盛夏土温上升时停止发展，秋季温度下降，可出现第二次发病高峰。土壤线虫多，造成伤口多，有利于病菌侵入。连作、地势低洼、排水不良、地下水位高、偏施氮肥和缺钾棉田，发病较重。沙质酸性土壤有利于发病。

防治措施

1. 加强检疫　不在病田繁种，防止病区种子和棉饼调出。

2. 农业防治　种植抗耐病品种；轻病田拔除病株，并进行土壤消毒；轮作换茬，改种禾谷类作物，重病田实行水旱轮作 2~3 年，或与小麦、玉米、油菜等轮作 3~4 年；适时播种，清洁棉田，深翻土壤，早中耕，及时排水，增施基肥和磷钾肥，不用带菌的棉籽饼、棉秆和畜粪作肥料。

3. 化学防治

（1）种子和土壤消毒：土壤消毒用棉隆原粉每平方米 70 g 拌入 30~40 cm 深土中，再浇水封盖健土，也可用浓氨水消毒。种子消毒用硫酸脱绒和清水反复冲洗后，80% 乙蒜素乳油 2 000 倍液加温到 55~60 ℃，温汤浸闷种子 30 min，取出播种或晾干备用，或用清水 50 kg 加入 50% 多菌灵胶悬剂 375 g，配成药液浸泡脱绒棉种 20 kg，常温下冷浸 14 h。

（2）灌根：发病初期用 3% 噁霉灵·甲霜灵水剂 300~500 倍液，或 12.5% 多菌灵·水杨酸悬浮剂 250 倍液，或 70% 甲基硫菌灵可湿性粉剂 1 000 倍液，每株浇灌 50 mL，可减轻为害。

（3）喷雾：发病初期，用 12.5% 多菌灵·水杨酸悬浮剂 250 倍液或 3% 噁霉灵·甲霜灵水剂 300 ~ 500 倍液喷雾，10 d 喷 1 次，连喷 3~4 次。

三、棉花苗期病害

分布与为害

棉花发芽出苗至现蕾期间发生的病害统称为苗期病害。我国常见的苗期病害有立枯病、猝倒病、炭疽病等，严重年份可造成棉花毁种，对棉花正常生长影响很大。

症状特征

1. **立枯病**　幼苗出土前即可造成烂籽和烂芽。棉苗出土后，可在近土面基部产生黄褐色凹陷的病斑，病斑逐渐扩展包围整个基部呈明显缢缩，病苗萎蔫倒伏枯死（图1）。拔起病苗时，茎基部以下的皮层均遗留在土壤中，仅存坚韧的鼠尾状木质部，病苗、死苗茎基部和周围土面可见到白色稀疏菌丝体。子叶受害，多在子叶中部产生黄褐色不规则病斑，脱落穿孔。发病田常出现缺苗断垄或成片死亡（图2）。

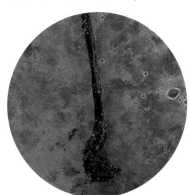

图1　棉花立枯病造成植株萎蔫（引自　　　　图2　棉花立枯病植株基部缢缩（引自
　　《中国植保手册》）　　　　　　　　　　　　《中国植保手册》）

2. 猝倒病　病菌从幼嫩的细根侵入，最初在幼茎基部呈现黄色水渍状病斑，严重时病部变软腐烂，颜色加深呈黄褐色，幼苗迅速萎蔫倒伏，同时子叶也随之褪色，呈水浸状软化。高湿条件下，病部常产生白色絮状物，即病菌的菌丝体。与立枯病的主要区别是猝倒病苗茎基部没有褐色凹陷病斑（图3）。

图3　棉花猝倒病病株（引自《中国植保手册》）

3. 炭疽病　棉籽开始萌发后受侵染，可使种子在土中呈水渍状腐烂。幼苗出土后，先在幼茎基部产生红褐色梭形条斑，后扩大变褐色，略凹陷，病斑上有橘红色黏性物，幼苗枯萎。发病后常在子叶的边缘形成半圆形的病斑，病斑边缘红褐色，中央灰黄色，表面附着橘红色黏性物，即病菌的分生孢子。干燥情况下病斑受到抑制，边缘呈紫红色（图4）。

图4　棉花炭疽病病叶

发生规律

1. **立枯病** 病菌主要以菌丝体和菌核在土壤中或病残体上越冬，较少以菌丝体潜伏在种子内越冬，但收花前遇低温阴雨年份，棉铃染病时病菌侵入铃内，造成种子带菌，成为翌年初侵染源。低温高湿利于病害的发生，若棉籽发芽时遇到低于 10 ℃的土温，会增加出苗前的烂籽和烂芽。幼苗期如温度持续在 15~23 ℃，多雨阴湿年份则有利于病害的发生。同时，棉种纯度低，籽粒不饱满，播种后出苗缓慢，生长势弱，则抗病力弱，发病严重。排水不良、地势低洼、土质黏重和多年连作棉田，播种过早、过深或覆土过厚的棉田，发病严重。

2. **猝倒病** 土壤中病原菌的卵孢子是主要初侵染源。基本发生规律同立枯病。常与立枯病、炭疽病同时发生。

3. **炭疽病** 病菌以分生孢子和菌丝体在种子或病残体上越冬，翌年棉籽发病后侵入幼苗，以后在病株上产生大量分生孢子，病菌随风雨或昆虫等传播，形成再次侵染。基本发生规律同立枯病。常与立枯病、猝倒病同时发生。

防治措施

1. **农业防治**

（1）精选优质棉种，硫酸脱绒消灭棉种表面病菌，晒种 30 ~ 60 h，提高种子发芽率和发芽势，增强棉苗抗病力。

（2）合理轮作：重发田块与禾本科作物轮作 2 年以上。

（3）加强田间管理：精细整地，增施腐熟有机肥。提高播种质量，春棉以 5 cm 土温 14 ℃时播种为宜，一般播种 4~5 cm 深。棉苗出土 70% 左右时，进行中耕松土，适当早间苗，降低土壤湿度，提高土温，培育壮苗。及时定苗，将病苗、死苗带出田外，集中销毁。

2. **化学防治**

（1）药剂拌种或包衣：50% 多菌灵可湿性粉剂按种子量的 0.5%~0.8%，或 70% 甲基硫菌灵可湿性粉剂按种子量的 0.6% 进行种子包衣，或用精甲霜灵纯药 20 g 拌 100 kg 棉种。

（2）喷雾：苗期如遇连阴雨天气，田间出现病株时，用50%多菌灵可湿性粉剂800~1 000倍液，或65%代森锌可湿性粉剂800~1 000倍液，或70%甲基硫菌灵可湿性粉剂800~1 000倍液，对准根茎部喷雾保护，每周喷1次，连喷2~3次。

四、 红叶茎枯病

分布与为害

　　棉花红叶茎枯病又叫红叶枯病、死花棵，是棉花的非侵染性生理病害，也是棉花生育后期的重要病害。在我国棉花主要产区普遍发生，严重发生田块植株提前枯死，造成棉铃不能成熟，对产量影响极大（图1）。

图1　红叶茎枯病严重发病田（引自《中国植保手册》）

症状特征

棉花红叶茎枯病一般从蕾期开始显症，结铃吐絮期发病最重。发病最早开始于主茎顶端或果枝的枝梢，自上而下、自内向外发展（图2）。初期叶片呈暗绿色，叶肉逐渐由绿色变成暗红色（图3），叶质增厚变脆，皱缩反卷（图4）。严重时，叶柄

图2 红叶茎枯病早期病株

失水干缩（图5），叶片萎蔫下垂，最后干枯脱落（图6、图7）。症状类似棉花枯萎病，但维管束不变色。盛铃期可造成叶片或蕾铃脱落，铃重下降，衣分降低，不能正常吐絮，影响棉花产量和品质。自然条件下，可表现为黄叶型和红叶型，或混合发生，同一植株也可表现不同的颜色。发病棉株易受病菌如轮纹病菌和叶斑病菌侵染，加快棉株死亡。

图4 红叶茎枯病发病中期病叶

图3 红叶茎枯病发病初期病叶

图 6　红叶茎枯病造成叶片干枯

图 5　红叶茎枯病后期病叶

图 7　红叶茎枯病后期造成棉叶脱落

发生规律

　　该病的发生与土壤、营养、气候及耕作条件等多种因素有关。耕作粗放、土壤板结、透气性差的棉田，偏施氮肥，土壤有机质含量低特别是缺钾时，可以导致发病。田间排灌不畅，棉根发育不良，长期干旱后突降暴雨或雨后长期积水可引起该病的发生，长期阴雨也能加剧为害。长势过旺，田间郁闭，前期结铃早而多，后期棉株过早衰败的棉田发病严重。

防治措施

1. 农业防治

（1）加强栽培管理：改良土壤，培育健壮植株。深耕细作，加厚活土层，平整土地，多施有机肥，增施钾肥，改善土壤结构，提高土壤蓄水能力，及时中耕，增加土壤通透性，培育健壮棉株，提高抗逆性。棉苗早发但水肥不足的棉田，结合整枝修棉，适量摘除早蕾。地膜覆盖棉田，要及时揭膜，促使根系向纵深发展。有条件的棉区应实行轮作倒茬。

（2）抗旱排涝：灾害性天气是此病的主要诱导因子，因此，改善棉田排灌条件，做到旱能浇、涝能排，才能保证棉株的正常生长发育。

2. 合理施肥

（1）化学调控：旺长棉田，每亩用98%缩节胺可溶性粉剂2~3 g，或50%矮壮素水剂8~12 mL对水50 kg喷雾。

（2）平衡施肥：施足基肥，轻施苗肥，重施花铃肥。缺钾棉田，每亩可增施钾肥10~15 kg，以满足棉花对钾元素的需求。常年发病地块，施草木灰等肥料也有较好的效果。转Bt基因棉对钾肥需求量较大，要重施钾肥或及时补钾。

（3）叶面追肥：发病初期，每亩用腐殖酸活性液肥农施宝100 mL对水45 kg喷雾，可快速供肥，改善土壤供氧状况；也可叶面喷施0.2%~0.3%磷酸二氢钾液，或2%尿素+0.2%磷酸二氢钾+叶面微肥混合液，重点喷中、上部叶片背面，隔7~10 d喷1次，共喷2~3次。

五、 棉花铃病

分布与为害

棉花铃期引起棉铃僵硬、腐烂、发霉的病害统称铃病，棉花铃病主要有棉铃疫病、棉铃红腐病、棉铃黑果病、棉铃红粉病、棉铃炭疽病等。我国各棉区均有发生，夏秋季节多雨和通风不畅、郁闭棉田发病重，一个棉铃常有几种铃期病害混合发生。

症状特征

1. **棉铃疫病** 多发生在中下部果枝的棉铃上（图1），棉铃苞叶下的果面、铃缝及铃尖等部位最先发病（图2）。初期出现淡褐、淡青至

图1 棉铃疫病多发生在棉株中下部　　　图2 棉铃疫病初期

青黑色水渍状病斑，湿度大时病害迅速扩展，整个棉铃变为光亮的青绿色至黑褐色病铃（图3、图4）。多雨潮湿时，棉铃表面可见一层稀薄白色霜霉状物，即病菌的孢子囊梗和孢子囊。青铃染病，易腐烂脱落或成为僵铃。疫病发生较晚的棉铃，如能及时采摘剥晒或天气转晴仍能吐絮。

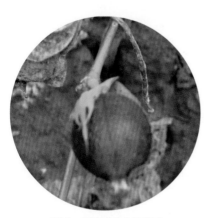

图3　棉铃疫病全铃发病

图4　棉铃疫病后期病铃

2. 棉铃红腐病　多发生在受伤的棉铃上。当棉铃受疫病、炭疽病或角斑病等铃部病害侵染后，以及受到虫伤或有自然裂缝时，易引起棉铃红腐病（图5）。棉铃染病后初生无定型病斑，遇潮湿天气或连阴雨时病情扩展迅速，遍及全铃，产生均匀的粉红色或浅红色霉层。雨后易粘连在一起，成为粉红色的块状物，病铃铃壳不能开裂或只半开裂，

图5　棉铃红腐病易发生在受伤的棉铃上

棉瓣紧结，不吐絮，纤维干枯（图6）。

3. 棉铃黑果病 首先在铃尖、铃壳裂缝或铃基部发病，病斑初期呈墨绿色、水渍状小斑点，扩展迅速，呈黑褐色腐烂病斑。病部表面产生粉红色或粉白色霉层，致密而薄，发展为全铃受害，果铃发软，铃壳呈棕褐色，僵硬不开裂（图7）。铃壳表面密生突起的小黑点，即病菌分生孢子器。发病后期铃壳表面布满煤粉状物（图8），棉絮腐烂成黑色僵瓣，多不开裂。

图6 棉铃红腐病引起棉铃僵瓣

图7 棉铃黑果病病铃

图8 棉铃黑果病发病后期铃壳表面布满煤粉状物

　　4. 棉铃红粉病　病铃布满粉红色绒状物，厚且紧密（图9）。气候潮湿时，变为白色绒状物，进而整个铃壳表面生长松散的橘红色绒状霉层，即病原菌的分生孢子梗和分生孢子，霉层比红腐病厚。病铃不能开裂，纤维黏结成僵瓣，僵瓣上也长有红色霉层（图10）。

图9　棉铃红粉病后期

图10　棉铃红粉病橘红色绒状霉层

　　5. 棉铃炭疽病　铃部最初在铃尖附近出现暗红色小点（图11），逐渐扩大成褐色凹陷的病斑，边缘紫红色稍隆起。气候潮湿时，在病斑中部可以看到红褐色的分生孢子堆。受害严重的棉铃整个溃烂或不开裂。

图11　棉铃炭疽病初期

发生规律

1. **棉铃疫病** 初侵染源为遗留在土壤中的烂铃组织内的卵孢子、厚垣孢子、孢子囊。病菌在铃壳中可存活 3 年以上，且有较强耐水能力，可随雨水或灌溉等途径传播。果枝节位低、短果枝和早熟品种发病严重。铃期多雨，特别是 8~9 月连绵阴雨，田间积水，以及生长旺盛、果枝密集、通透性差的棉田易发病，郁闭、大水漫灌、积水易导致该病大发生。虫害造成的棉铃伤口，有利于病菌侵入，虫害重、伤口多、迟栽晚发、后期偏施氮肥棉田发病重。棉铃疫病发生的最适宜温度 22~23.5 ℃，在 15~30 ℃都能侵染棉铃。

2. **棉铃红腐病** 初侵染源为种子内外、烂铃及枯枝叶等病残体上的病菌。病菌借助风雨、昆虫等传播到铃上，引起烂铃。一般 8 月上旬开始发病，8 月中旬或 8 月下旬进入发病盛期。若 8~9 月出现连阴雨天气，日照少、雨量大、雨日多则可造成红腐病大发生，尤以盐碱地、低洼地、连作棉田和早播棉田发病最重。同时，棉株贪青徒长或棉铃受病虫为害、机械伤口多，病菌易侵入，发病重。红腐病发生的最适温度是 20~24 ℃，但病菌在 3~37 ℃均可生长活动。

3. **棉铃黑果病** 病菌以分生孢子器在病残体上越冬，翌年条件适宜时产生分生孢子，进行初侵染和再侵染。黑果病对湿度要求较高，多雨高湿利于发病。棉铃伤口多，如虫伤、机械伤、阳光灼伤等可诱导黑果病大发生。黑果病最适宜的致病温度为 25 ℃左右，在 15~30 ℃都能侵染棉铃，相对湿度 85% 持续 4 d 以上，该病则可能严重发生。

4. **棉铃红粉病** 病菌可在病铃上越冬。低温、高湿条件下，病菌从伤口或铃壳裂缝处侵入，借风、雨、水流和昆虫传播进行再侵染。多雨、高湿环境利于发病，暴风雨或害虫重发时发病重，土壤黏重、排水不良，种植密度大，整枝不及时，施用氮肥过多的棉田发病重。红粉病发生最适宜的温度为 19~25 ℃，相对湿度 85% 以上天气持续时间长时，该病可能严重发生。

5. **棉铃炭疽病** 病菌以分生孢子和菌丝体在种子或病残体上越冬，翌年棉籽发芽后侵入幼苗，以后在病株上产生大量分生孢子，病菌随风雨或昆虫等传播，形成再次侵染。温度和湿度是影响发病的重要原因。若苗期低温多雨、铃期高温多雨，棉铃炭疽病易流行。整地质量差、播种过早或过深、栽培管理粗放、田间通风透光差或多年连作等，都能加重炭疽病的发生。

防治措施

1. 农业防治　精选优质抗病虫棉花品种；合理密植，改善通风透光条件，降低田间湿度；避免过多、过晚施用氮肥，防止贪青徒长；雨后开沟排水，中耕松土，及时去空枝、抹赘芽、打老叶，摘除烂铃；加强棉田害虫防治，减少因害虫为害造成的伤口；农事操作时要避免棉铃损伤，及时清除田间枯枝、落叶、烂铃等，集中烧毁，减少病菌初侵染源。

2. 化学防治

（1）治虫防病：做好铃期虫害防治，减少虫害伤口，减轻病菌侵入。

（2）药剂防治：发病初期用 50% 多菌灵可湿性粉剂 800~1 000 倍液，或 58% 甲霜灵·代森锰锌可湿性粉剂 700 倍液，或 64% 噁霜灵·代森锰锌可湿性粉剂 600 倍液喷雾，隔 7~10 d 喷 1 次，共喷 2 次。注意交替使用其他类型农药，延缓抗性产生。

六、 轮纹斑病

分布与为害

棉花轮纹斑病又称黑斑病，是棉花叶部病害中分布最广、为害最大、流行频率很高的一种毁灭性病害。在我国主要棉区都有发生，早发、重发田块减产 30%~50%，造成重大的经济损失。

症状特征

棉花整个生育期均可发生。叶片发病，最初出现红褐色小圆斑（图1），后扩展成圆形或不规则褐色斑，边缘为紫红色，一般具有同心轮

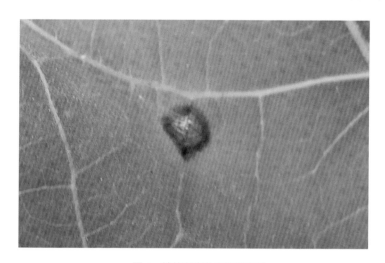

图1　轮纹斑病发病前期病斑

纹（图 2）。湿度大时，病斑上长出墨绿色霉层。严重时叶片上可生数十个病斑，造成叶片焦枯脱落（图 3）。茎部或叶柄感病，可形成椭圆形褐色凹陷斑，造成叶片凋落。

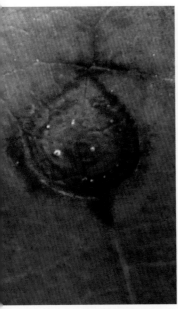

图 2　轮纹斑病圆形病斑　　　　图 3　轮纹斑病严重发生时病叶症状

发生规律

　　病菌以菌丝体和分生孢子在病叶、病茎上或棉籽的短绒上越冬，是翌年重要的初侵染源。棉籽播种后病叶及棉籽上的分生孢子借助气流或雨水传播，从伤口侵入或直接侵入。当棉花播种出苗期遇低温阴雨天气，特别是温度先高后骤降，相对湿度高时，棉花轮纹斑病将普遍发生。棉花生长后期，若棉株生长势弱，遇连阴雨天气也会出现发病高峰。

防治措施

1. **农业防治** 精细整地，精选种子，提高播种质量，提高种子发芽率和发芽势；苗床和直播棉田进行地膜覆盖，提高地温，减轻发病；多施腐熟的有机肥，增施磷钾肥，勤中耕，及时整枝打杈，提高棉花生长势；雨后及时排水，避免田间积水，防止湿气滞留。

2. **化学防治**

（1）种子处理：用种子重量 0.5% 的 50% 多菌灵可湿性粉剂，或 40% 拌种灵·福美双可湿性粉剂拌种，也可用 0.1% 多菌灵溶液浸种。

（2）生长期防治：棉花齐苗后若遇到寒流，或棉花生长期遇连阴雨天气，要在寒流来临前或雨停的间隙进行喷药保护。可选用 1∶1∶200 波尔多液，或 65% 代森锌可湿性粉剂 250~500 倍液，或 25% 多菌灵可湿性粉剂 800~1 000 倍液，或 50% 克菌丹可湿性粉剂 200~500 倍液等喷雾。

七、褐斑病

　　各棉区都有发生，华东地区较普遍。只为害棉花，棉花整个生育期均可发病，以华东地区发生普遍，严重时可引起全田叶片焦枯（图1）。

图1　褐斑病大田为害状

症状特征

棉苗发病时，受害子叶呈现紫红色小斑点，之后相互融合形成不规则形病斑，病斑黄褐色，边缘紫红色，中间散生小黑点（分生孢子器）。成株期发病，叶片上初发病时形成针尖大小的紫红色斑点（图2、图3），后扩大成圆形或不规则黄褐色病斑，边缘紫红色，稍有隆起（图4、图5）。多个病斑融合在一起形成大病斑，中间散生小黑点，

图2　褐斑病发病初期病叶正面

图3　褐斑病发病初期病叶背面

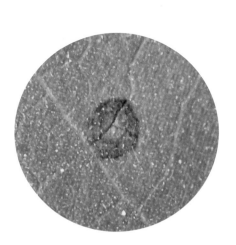

图4　褐斑病发病前期病叶正面

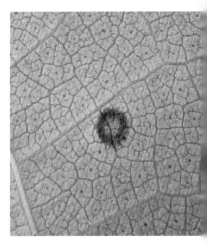

图5　褐斑病发病前期病叶背面

即病原菌的分生孢子器。
病斑中心易破碎穿孔（图
6），严重时叶片脱落。

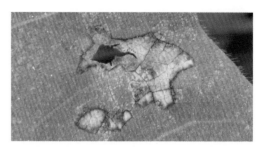

图6　褐斑病病斑中间散生黑色小粒点和病斑穿孔症状

发生规律

病菌以分生孢子器在病残组织上越冬，翌年散出分生孢子传播到棉苗上为害。棉苗出土后子叶平展、第1片真叶刚露出还未张开时，最易受害。春季多雨，低温多湿，使棉苗生长衰弱，有利于病菌传播和侵染。棉花生长中后期遇连阴雨天气，也容易导致棉花褐斑病发生。

防治措施

1. 农业防治

（1）精选棉种：选用优质棉种，硫酸脱绒消灭棉种表面病菌，晒种 30 ~ 60 h，提高种子发芽率和发芽势，增强棉苗抗病力。

（2）合理轮作：重发田块，与禾本科作物轮作 2 年及以上。

（3）加强田间管理：精细整地，增施腐熟有机肥。提高播种质量，春棉以 5 cm 深土温 14 ℃时播种为宜，一般播种 4~5 cm 深。棉苗出土 70% 左右时，进行中耕松土，适当早间苗，降低土壤湿度，提高地温，培育壮苗。及时定苗，将病苗、死苗带出田外，集中销毁。

2. 化学防治

（1）种子处理：用种子量 0.65% 的 50% 多菌灵可湿性粉剂，或 40% 拌种灵·福美双可湿性粉剂拌种。

（2）生长期防治：棉花齐苗后如遇到寒流，或棉花生育期遇连阴雨天气，要进行喷药保护。可选用 1∶1∶200 波尔多液，或 65% 代森锌可湿性粉剂 250~500 倍液，或 25% 多菌灵可湿性粉剂 800~1 000 倍液，或 50% 克菌丹可湿性粉剂 200~500 倍液，对准根茎部喷雾保护，每周喷 1 次，连喷 2~3 次。

第二部分　棉花害虫

一、 棉铃虫

分布与为害

棉铃虫又名钻桃虫、钻心虫等，属鳞翅目夜蛾科。我国各棉区均有分布和为害。棉铃虫食性杂，除为害棉花外，还为害玉米、高粱、小麦、花生、甘薯、番茄、豌豆、辣椒、芝麻、烟草等200多种植物。在棉花上，棉铃虫除直接取食营养器官外，主要为害蕾、花和铃，1头幼虫一生可为害5~22个蕾铃，对棉花产量影响极大。

棉铃虫为害棉株，幼虫可咬食棉叶，造成缺刻或孔洞（图1）。幼虫为害棉花嫩头可造成破头疯（图2）。棉蕾被害后，蕾下部有蛀孔，

图1 棉铃虫幼虫为害棉叶　　　　图2 棉铃虫幼虫为害棉花嫩头

直径约 5 mm，蕾内无粪便，蕾外有粒状粪便，苞叶张开变成黄褐色，2~3 d 后脱落（图 3、图 4）。低龄幼虫钻入花中取食雄蕊和花柱，破坏子房，被害花往往不能结铃（图 5）。青铃受害，铃基部有蛀孔，孔径粗大，近圆形，粪便堆积在蛀孔外，赤褐色（图 6、图 7）。被害铃

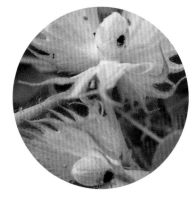

图 3　棉铃虫幼虫为害棉蕾及为害状

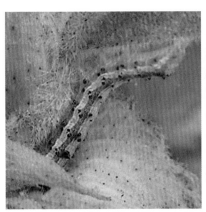

图 4　棉铃虫幼虫为害棉蕾

图 5　棉铃虫幼虫为害花

图 6　棉铃虫为害棉铃

图 7　棉铃虫幼虫为害幼铃

内未被咬食部分的纤维和棉籽呈水渍状，最终发展成烂铃（图8）。幼虫可转株为害，受害严重的棉株蕾、铃脱落一半以上。

图8 棉铃虫为害棉铃及为害状

形态特征

（1）成虫：体长 15~20 mm，展翅 31~40 mm，前翅颜色变化大，雌蛾多为黄褐色，雄蛾多为灰绿色。前翅翅尖突伸，外缘较直。外横线有深灰色宽带，带上有 7 个小白点，肾形纹和环形纹暗褐色（图9、图10）。

（2）卵：直径约 0.5 mm，近半球形，具纵横网格。初产时乳白色，近孵化时紫褐色（图11）。

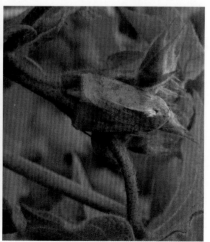

图9 棉铃虫成虫（雄）（引自《中国植保手册》）

图10 棉铃虫成虫

（3）幼虫：共6龄。老熟幼虫体长40～45 mm，头部黄褐色，有不规则的黄褐色网状云斑，气门线白色，体背有十几条细纵线条，各腹节上有刚毛疣12个，刚毛较长。体色变化多，大致分为黄白色型、黄色红斑型、灰褐色型、土黄色型、淡红色型、绿色型、黑色型、咖啡色型、绿褐色型等多种类型（图12～16）。

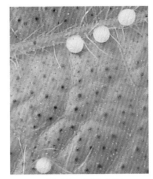

图11　棉铃虫卵

图12　正在蜕皮的棉铃虫幼虫

图13　不同体色的棉铃虫幼虫（1）

图14　不同体色的棉铃虫幼虫（2）

图15　不同体色的棉铃虫幼虫（3）

图16　不同体色的棉铃虫幼虫（4）（引自《中国植保手册》）

（4）蛹：长 17~20 mm，纺锤形，腹部 5~7 节前缘密布比体色略深的刻点，尾端有臀刺 2 个（图 17）。

图 17　棉铃虫蛹（引自《中国植保手册》）

发生规律

棉铃虫在东北特早熟棉区 1 年发生 3 代,西北内陆棉区发生 3~5 代,华北及黄河流域棉区发生 4 代, 长江流域棉区发生 4~5 代, 华南棉区发生 6~8 代。以滞育蛹在 3~10 cm 深的土中越冬。黄河流域越冬代成虫于翌年 4 月中旬至 5 月上旬气温 15 ℃以上时开始羽化, 5 月上旬为羽化盛期。1 代在小麦、春玉米或蔬菜等作物上为害, 2 代主要为害棉花且虫量较为集中, 3~4 代除为害棉花外, 还在玉米、豆类、花生、甘薯、蔬菜等多种作物上为害, 虫量分散。

1 代成虫多在嫩叶和生长点上产卵, 2~4 代成虫多于幼蕾的苞叶和果枝嫩尖上产卵, 少数产于叶背或花上。幼虫孵化后先食卵壳, 随后为害未展开的小叶, 1~2 d 后转向幼蕾。1~2 龄幼虫有吐丝下垂习性, 3 龄后转移为害, 4 龄后食量大增, 特别是 5~6 龄进入暴食期, 取食大蕾、花和青铃, 为害青铃从基部蛀食, 蛀孔大, 孔外虫粪粒大且多。幼虫 3 龄前多在叶面活动为害，是施药防治的最佳时机，3 龄后多钻蛀到蕾铃内部，不易防治。末龄幼虫入土化蛹，土室具保护作用，羽化后成虫顺原道爬出土面后展翅。各虫态发育最适温度为 25~28 ℃，相对湿度为 70%~90%。成虫有趋光性，对半枯萎的杨树枝把有很强的趋性。幼虫有自残习性。

防治措施

1. 农业防治

（1）合理种植抗虫棉。

（2）加强田间管理：麦收后，及时中耕，消灭部分 1 代蛹，压低棉田虫源基数。6 月中下旬摘除早蕾（即伏前桃），7~8 月结合整枝及时打顶，摘除边心及无效花蕾，并带出田外集中处理，可明显减轻田间虫卵量。棉花收获后，清除田间棉秆、烂铃和僵瓣，深翻耙地，冬灌，可大量消灭越冬蛹。

2. 物理防治

（1）灯光诱杀：成虫发生期，集中连片应用频振式杀虫灯、高压汞灯、20 W 黑光灯诱杀成虫。

频振式杀虫灯单灯控制面积 30~50 亩，连片设置效果较好。灯悬挂高度，前期 1.5~2.0 m，中后期应略高于作物顶部。2 代棉铃虫羽化期（6 月上旬）开灯，8 月底撤灯，只在成虫发生盛期开灯。每日开灯时间为晚 9 时至次日凌晨 4 时。

（2）杨树枝把诱杀：第 2、3 代棉铃虫成虫羽化期，有条件的地区可在棉田内插萎蔫的杨树枝把诱集成虫，每亩 10~15 把，每天集中消灭成虫。

（3）性诱剂诱杀：在棉铃虫成虫羽化期采用棉铃虫性诱剂诱杀成虫，每 1~2 亩放置一只诱捕器，诱捕器略高于棉株顶部，每 20 d 更换一次性诱芯。

（4）种植诱集植物：在棉田边或棉田中插花种植春玉米、高粱、留种洋葱、胡萝卜等作物形成诱集带，可诱集棉铃虫产卵，集中杀灭。

3. 生物防治

（1）人工释放天敌：棉铃虫寄生性天敌主要有姬蜂、茧蜂、赤眼蜂、真菌、病毒等，捕食性天敌主要有瓢虫、草蛉、捕食螨、胡蜂、蜘蛛等，对棉铃虫有显著的控制作用。

在 2 代棉铃虫卵始盛期，每亩人工释放赤眼蜂 1.2 万 ~1.4 万头，均匀放置 5~8 个点，每隔 5~7 d 释放一次，连续 3 次，可减少棉铃虫田间虫量 60% 左右。具体方法是：赤眼蜂开始羽化时（约 5% 的卵上出现羽化孔），把蜂卡撕成小块，用中部棉叶反卷包住蜂卡，附着在其他叶片背面，避免阳光直射，于早晨或傍晚释放。

（2）喷洒生物制剂：在非转 Bt 基因抗虫棉种植区，在棉铃虫卵始盛期，每亩选用 2 000 IU/mL 苏云金杆菌悬浮剂即 Bt 制剂（转 Bt 基因抗虫棉田禁用）400~500 mL，或 10 亿 PIB/g 棉铃虫核型多角体病毒（NPV）可湿性粉剂 80~100 g 对水 40 kg 喷雾。

4. 化学防治

（1）防治标准：当棉田有效天敌总量与棉铃虫卵量比为 1∶（2~3）时，天敌可以控制棉铃虫，不需施药防治。当天敌量较少时，则需要采取化学防治措施。根据田间幼虫量确定防治指标：转 Bt 基因抗虫棉，2 代百株低龄幼虫 20 头，3 代 10 头；非转 Bt 基因抗虫棉，2 代百株累计卵量超过 100 粒或百株低龄幼虫 10 头，3 代百株累计卵量 40 粒或低龄幼虫 5~8 头，4 代低龄幼虫 10~15 头。

（2）防治药剂：可选用 20% 灭多威乳油 1 500 倍液，或 2.5% 高效氯氟氰菊酯乳油 2 000~3 000 倍液，或 50% 辛硫磷乳油 1 000 倍液喷雾。或每亩用 1.8% 甲氨基阿维菌素苯甲酸盐微乳剂 20 mL，或 25% 辛硫磷·氰戊菊酯乳油，或 4.5% 高效氯氰菊酯乳油 60~100 mL 对水 50~60 kg 喷雾。

（3）施药技术：3~4 代棉铃虫防治期间棉株高大，产卵分散，喷药应掌握在卵孵化盛期至低龄幼虫期，棉叶正反面、顶尖、花、蕾、铃均匀着药才能保证药效，同时注意轮换用药，延缓棉铃虫抗药性的产生，施药后遇雨要及时补喷。

二、 棉盲蝽

分布与为害

　　盲蝽是我国棉花产区的一类重要害虫，发生的种类主要有绿盲蝽、中黑盲蝽、三点盲蝽、苜蓿盲蝽和牧草盲蝽。各棉区发生的盲蝽优势种类不同，同一棉区内由于寄主种类不同发生的盲蝽优势种也有差别。黄河流域棉区以绿盲蝽为主，其次为中黑盲蝽、苜蓿盲蝽和三点盲蝽。长江流域棉区以中黑盲蝽为主，其次为绿盲蝽、苜蓿盲蝽和三点盲蝽。西北内陆棉区以牧草盲蝽为主，苜蓿盲蝽次之，绿盲蝽也有分布和为害。

　　盲蝽寄主复杂，除棉花外，常见寄主包括豆科、菊科、禾本科、藜科、茄科、杨柳科、桑科、十字花科、伞形花科、蔷薇科等28个科的近百种植物。成虫有在各寄主间随开花期转移为害的习性。棉盲蝽以成虫和若虫刺吸为害棉花顶尖、边心、蕾和幼铃，造成棉花营养生长与生殖生长失调。在苗期为害，造成无头苗、多头苗。在真叶期为害时，使叶片形成许多黑斑、孔洞，导致"破叶疯"（图1、

图1　棉盲蝽为害状（1）

图2）。幼蕾被害后，现黑色小斑点，2~3 d全蕾变为灰黑色，干枯而脱落（图3）。大蕾被盲蝽为害后，除出现黑色小斑点，苞叶微微向外张开外，一般脱落很少（图4）。在铃期为害时，使幼铃生长受抑制、畸形，铃壳上有点片状黑斑，形成"歪嘴桃"，铃重减轻，产量和品质降低，严重受害时形成僵果，脱落（图5、图6）。

图2　棉盲蝽为害状（2）

图3　棉盲蝽为害造成蕾脱落

图4　棉盲蝽为害棉蕾造成苞叶张开

图5　棉盲蝽为害棉铃

图6　棉盲蝽大田为害状

形态特征

1. 绿盲蝽　卵长茄形，初产白色，后变为淡黄色。卵盖乳白色，中央凹陷，两端突起。成虫体长 5~5.5 mm，全体绿色。触角 4 节，比身体短，基两节绿色，端两节褐色。翅室脉纹绿色，膜质部暗灰色（图 7）。若虫洋梨形，全体鲜绿色，被稀疏黑色刚毛。触角比身体短。若虫共 5 龄，1 龄无翅芽，2 龄侧边具极微小的翅芽，3 龄翅芽末端达腹部第 1 节中部，4 龄翅芽末端达腹部第 3 节，5 龄翅芽末

图 7　绿盲蝽成虫（引自陆宴辉）

端达腹部第5节 (图8、图9)。

2. 中黑盲蝽 卵淡黄色,长形略弯,卵盖长椭圆形,一侧有一指状突起。成虫体长 7 mm,体表被褐色绒毛,头呈三角形。触角 4 节,比体长,第 1、2 节绿色,第 3、4 节褐色。前胸背板中央有 2 个黑色圆斑。停歇时各部位相连接,在背上形成一条黑色纵带,故名中黑盲蝽。足绿色,散布黑点 (图 10)。若虫全体绿色。头钝三角形,头顶具浅色叉状纹。复眼椭圆形,赤褐色。触角比体长,基部两节淡褐色,端部

图 8 绿盲蝽若虫 (引自陆宴辉)

图 9 绿盲蝽若虫及为害状

图 10 中黑盲蝽成虫

两节深红色。足褐色。若虫共5龄，1龄、2龄无翅芽，3龄后胸翅芽末端达第1腹节中部，4龄翅芽末端达腹部第3节，5龄翅芽末端达腹部第5节（图11）。

图11　中黑盲蝽若虫

3. **三点盲蝽**　卵淡黄色，卵盖椭圆形，一侧有一指状突起。成虫体长6.5~7 mm，体褐色，被绒毛，头呈三角形。触角4节，各节端部颜色较深。小盾片黄色，楔片黄色，静止时3个黄色部分呈"品"字形排列似3个黄斑（图12）。若虫橙黄色，体被黑色细毛。头褐色，有橙色叉状纹。触角4节，第3、4节基部均为黄白色。若虫共5龄，翅芽发育进度同绿盲蝽（图13）。

图12　三点盲蝽成虫

图13　三点盲蝽若虫

4.苜蓿盲蝽 卵长形，乳白色，颈部略弯曲。卵盖椭圆形，倾斜，一侧边有一指状突起。成虫体狭长，长 8 ~ 8.5 mm，黄褐色，被细毛。头小，三角形，向前突。触角褐色，丝状，比体长，端部两节颜色较深。前胸背板后缘前方有 2 个明显的黑斑（图 14）。若虫全体深绿色，遍布黑色刚毛，刚毛着生于黑色毛基片上，故若虫特点为绿色而杂有明显的黑点。触角 4 节，比体长。若虫共 5 龄，翅芽发育进度同绿盲蝽（图 15）。

图 14 苜蓿盲蝽成虫（引自陆宴辉）

图 15 苜蓿盲蝽若虫（引自陆宴辉）

5.牧草盲蝽 卵苍白色或淡黄色，中部弯曲，端部钝圆。卵盖很短，长椭圆形，边缘有 1 个向内弯曲的柄状呼吸角，中央稍下陷。成虫体长 5.5~6 mm，绿色或黄绿色，越冬前后为黄褐色。头宽而短，复眼椭圆形，褐色。触角长约 3.6 mm。前胸背板后缘有 2 条黑色横纹。小盾片黄色，前缘中央有 2 条黑纹，使盾片黄色部分呈心脏形。前翅具刻点区及细绒毛,翅膜区透明,微带灰褐色(图16)。若虫体绿色、黄绿色。头部宽短,触角比身体短。前胸背板中部两侧和小盾片中部两侧各具1个黑色圆点,腹部背面第3腹节后缘有1个黑色圆形臭腺开口,构成体背5个黑色圆点(图17)。

图 16　牧草盲蝽成虫
（引自陆宴辉）

图 17　牧草盲蝽若虫（引
自陆宴辉）

发生规律

各种棉盲蝽的发生期与代次,因种类、地域、年度而异。

1. 绿盲蝽　在黄河流域棉区及长江流域大部分棉区1年发生5代,长江流域部分棉区可发生6～7代。以卵在寄主的残茬、断枝切口处、枯铃壳及土表残枝中越冬,越冬卵于翌年3月下旬至4月初孵化,若虫主要在越冬寄主及其周边植物上活动为害,5月初始见成虫,5月下旬至6月初为羽化盛期,羽化后即迁移到苜蓿、蚕豆、播娘蒿等花期植物上产卵、繁殖。2代成虫羽化高峰在6月中下旬,迁入棉田为害和繁殖。由于成虫寿命与产卵期长(最长可达120 d),田间各虫态发育极不整齐,有严重的世代重叠现象。棉花盛蕾期为为害盛期,8月下旬开始从棉田迁出。

2. 中黑盲蝽 在黄河流域棉区1年发生4代,长江流域棉区1年发生4~5代。越冬卵产在杂草及棉花等寄主植物上,部分卵随叶片焦枯脱落一起在棉田土表越冬。4月中旬,越冬卵开始孵化,孵化后1代若虫多集中在越冬寄主周围的杂草上取食。5月上中旬,1代成虫羽化后迁入正值花期的小麦、油菜、蚕豆等冬播作物或农田杂草上。6月中下旬,正值羽化盛期的2代成虫大量迁入现蕾、开花的棉田,形成了棉田中黑盲蝽的第一次发生高峰,随后几代主要在棉田及周边杂草上生活。9月中旬后随着棉花逐渐枯萎,成虫开始向仍处于花期的植物上转移,产卵越冬。与绿盲蝽一样,中黑盲蝽的趋花习性明显,世代重叠现象严重。

3. 三点盲蝽 在黄河流域棉区1年发生3代,以卵在枣、桃等树皮内滞育越冬。越冬卵5月上旬开始孵化。第1代成虫出现时间在6月下旬至7月上旬,第2代成虫在7月中旬出现,第3代成虫在8月中下旬出现。不同世代之间常进行寄主转换,趋花现象明显。三点盲蝽成虫寿命和产卵期长,田间世代重叠现象严重。

4. 苜蓿盲蝽 在黄河流域棉区1年发生4代,西北内陆棉区1年发生3代,以卵在苜蓿、棉花和杂草等植物的茎秆内滞育越冬。越冬卵孵化后,若虫取食幼嫩苜蓿和杂草。成虫羽化后,转移到正处于花期的寄主植物上取食为害。苜蓿盲蝽偏好紫花苜蓿,种群主要集中在苜蓿田,苜蓿刈割时成虫被迫外迁,苜蓿长出后又大量回迁,形成了特殊的种群转移与消长规律。成虫寿命长,世代重叠现象严重。

5. 牧草盲蝽 在新疆南部1年发生4代,在新疆北部1年发生3代,以成虫在杂草残体和树皮裂缝中越冬。3~4月越冬成虫出蛰活动,10月开始蛰伏越冬。成虫趋花性强,偏好处于花期的棉花、苜蓿及果树、杂草等。成虫寿命长,世代重叠现象严重。

防治措施

1. **农业防治** 棉花收获后，对棉田及田埂进行全面清理，清除残枝、烂叶及枯死杂草，在翌年 3 月下旬前当作燃料烧毁或沤肥；对棉田细耙翻耕；对相邻果园修剪的枝条、刮去的粗皮与翘皮和清理的杂草带出果园加以焚毁，以降低棉盲蝽越冬基数。

2. **种植诱集带** 5 月下旬，在棉田与田埂之间种植两行绿豆，从 6 月初开始每 7~10 d 对绿豆喷一次药集中消灭。

3. **化学防治** 春季在 1 代成虫扩散前对邻近的果树（如枣树、桃树、樱桃等）及苗床周边杂草用药防治，减少虫源。棉花苗床，每亩可使用 50% 敌敌畏乳油 50~75 g，对水 0.75~1.00 L，拌细土 25 kg，于傍晚盖膜前撒入苗床，对盲蝽进行熏杀。大田棉盲蝽的防治应掌握在 2、3 龄若虫高峰期进行，当百株虫量苗期 5 头、蕾期 10 头、铃期 20~25 头时，每亩用 40% 丙溴磷乳油 50~75 mL，或 25% 辛硫磷·氰戊菊酯乳油 70~80 mL，对水 30~40 kg 均匀喷雾。喷药时要对准嫩头、边心和蕾铃，由棉田四周向中间喷洒。

三、 棉蚜

棉蚜又名蜜虫、腻虫、油虫等，全国各地棉区均有发生，除为害棉花外，还可为害番茄、辣椒、茄子、瓜类、豆类、花椒、石榴等 100 多种作物。棉蚜主要集中在棉叶背面或嫩头上吸食汁液，分泌蜜露，常与蚂蚁共生（图 1）。苗期受害，棉叶卷缩，棉株生长发育缓慢（图 2、图 3）。蕾铃期受害，上部嫩叶卷缩，中部叶片现出油叶，叶表蚜虫排泄的蜜露常诱发霉菌滋生，严重时导致蕾铃脱落（图 4 ~ 6）。

图 1 棉蚜与蚂蚁共生　　　　　图 2 棉蚜为害棉苗

图3　蚜虫为害造成棉苗长势弱

图4　棉蚜为害造成幼叶卷缩

图5　棉蚜为害造成油叶（引自《中国植保手册》）

图6　棉蚜为害造成蕾铃发黄

形态特征

成蚜有几种形态变化。

（1）干母：体长1.6 mm，茶褐色或暗绿色，触角5节，无翅，行孤雌生殖。

（2）无翅胎生雌蚜：体长1.5~1.9 mm，夏季多为黄绿色，春、秋深绿色或棕色，触角为体长的1/2。复眼暗红色。腹管较短，黑青色。尾片青色，两侧各具刚毛3根，体表被白蜡粉。

（3）有翅胎生雌蚜：大小与无翅胎生雌蚜相近，体色黄绿色、浅绿色至深绿色。触角较体短，头胸部黑色，两对翅透明。

（4）无翅有性雌蚜：体长1.0~1.5 mm，头及前胸皆为灰黑色，复眼红褐色，体灰褐色、墨绿色、暗红色。触角5节。腹管较小，黑色。

（5）有翅雄蚜：体长1.3~1.4 mm。翅较大。触角6节。腹管灰黑色。

卵：长0.5 mm，椭圆形，初产时橙黄色，后变为漆黑色，有光泽。

若虫：分有翅若蚜和无翅若蚜。无翅若蚜夏季黄色至黄绿色，春、秋季蓝灰色，复眼红色。有翅若蚜夏季黄色，秋季灰黄色。

发生规律

黄河流域、长江流域及华南棉区1年可发生20~30代，西北内陆棉区发生16~20代，辽河流域棉区15~20代。棉蚜一般年份可形成苗蚜（5月上旬至6月下旬）、伏蚜（7月中旬至8月中旬）2次为害盛期。华南棉区还会发生秋蚜（9月中下旬）。

棉蚜以卵在花椒、石榴、木槿等越冬寄主枝条的冬芽内侧及其附近或树皮裂缝中、夏枯草、紫花地丁等草本植物的根际越冬。一般于3月中下旬，越冬卵孵化为干母，孤雌生殖2~3代后，产生有翅胎生雌蚜，4月上中旬迁入苗床或4月下旬到5月上旬直接迁入棉田繁殖为害，5月下旬至6月上旬进入苗蚜为害高峰期，7月中旬至8月上旬形成伏蚜猖獗为害期。10月中下旬产生有翅雌性干母，迁回越冬寄主，产生无翅有性雌蚜和有翅雄蚜。雌、雄蚜交配后，在越冬寄主枝条缝隙或芽腋处产卵越冬。苗蚜发生适宜温度为 18~25 ℃，气温高于 27 ℃ 繁殖受抑制，虫口密度迅速降低。伏蚜适宜温度为 24~28 ℃，温度高于 30 ℃时，虫口数量下降。大雨对棉蚜的抑制作用明显，多雨季节或年份不利其发生，但时晴时雨天气利于伏蚜迅速增殖。

防治措施

1. **农业防治和生态调控**　铲除杂草，加强肥水管理，促进棉苗早发，增强棉花对蚜虫的耐受能力；可采用麦—棉、油菜—棉、蚕豆—棉等间作套种，结合间苗、定苗、整枝打杈，拔除有蚜株，并带出田外集中烧毁；麦收后将麦秸在棉田内堆放 1~2 d，使天敌转移到棉株上，提高棉田前期天敌数量；在棉田插播或田边点种春玉米、高粱、油菜等作物，吸引天敌，对伏蚜有控制作用。

2. **保护天敌**　棉蚜天敌种类丰富，寄生性天敌有蚜茧蜂等，捕食性天敌有食蚜螨、瓢虫、草蛉、食蚜蝇、蜘蛛等，其中瓢虫、草蛉、蜘蛛的控制作用较大。施药时应采取隐蔽用药方法，并选择对天敌杀伤作用小的药剂品种，可以有效保护天敌。

3. **药剂防治**

（1）拌种：春棉区，将棉籽在 55~60 ℃温水中预浸 30 min，捞出后晾至种毛发白，用 10% 吡虫啉可湿性粉剂 60 g 拌棉种 10 kg，对棉蚜有较好防效。

（2）喷雾：直播棉 3 片真叶前，当卷叶株率达 5%~10% 时，或 4 片真叶后卷叶株率达 10%~20% 时，用 10% 吡虫啉可湿性粉剂 15 g 对水 30 kg 均匀喷雾。营养钵育苗移栽棉田，苗蚜常年无须防治。伏蚜卷叶株率为 5%~10% 或单株 3 叶蚜量平均达 150~200 头时，用 3% 啶虫脒可湿性粉剂 2 000 倍液，或 0.3% 苦参碱水剂 1 000 倍液喷雾。

四、 棉叶螨

分布与为害

棉叶螨又名棉红蜘蛛、"火龙"。我国为害棉花的主要有朱砂叶螨、二斑叶螨和截形叶螨3种，属蛛形纲蜱螨目叶螨科。棉叶螨寄主植物已知有50余种，除棉花外，还为害玉米、高粱、小麦、花生、大豆、瓜类等多种作物。棉叶螨以成螨、幼螨、若螨在棉叶背面沿叶脉处取食，以口针刺吸叶背、嫩尖、嫩茎和果实，吸取汁液（图1）。叶片正面近叶柄部分出现黄斑或红痧斑，继

图1　棉叶螨在棉叶背面为害状

而扩展至全叶，叶柄低垂，严重时叶片卷缩呈褐色似火烧状，干枯脱落（图2、图3）。结铃初期为害，嫩铃全部脱落，甚至全株枯死，对产量影响极大。棉叶螨为害还可造成棉株组织机械伤害，分泌的有害物质进入棉株，光合作用、蒸腾强度下降，棉株营养恶化，生长调节失衡，抗病力降低（图4）。

图2　棉叶螨叶正面为害状（前期）

图3　棉叶螨叶正面为害状（后期）

图4　棉叶螨整株为害状（引自《中国植保手册》）

形态特征

1. 朱砂叶螨

（1）成螨：成雌螨体长 0.48 ~ 0.55 mm，宽 0.32 mm，椭圆形，体色常随寄主而异，多为锈红色至深红色，体背两侧各有 1 对褐色斑，前 1 对大的褐斑可以向体末延伸与后面 1 对小的褐色斑相连。雄螨体形略小，腹末稍尖，体色较雌螨淡。

（2）卵：球形，直径约 0.13 mm，淡黄色，孵化前变为微红色。

（3）幼螨：有足 3 对。

（4）若螨：有足 4 对，形态与成螨相似（图 5）。

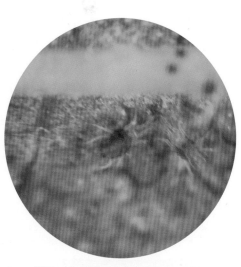

图 5　棉叶螨（引自《中国植保手册》）

2. 二斑叶螨、截形叶螨
外部形态与朱砂叶螨十分相似，但根据雄虫的阳具可区分。

发生规律

棉叶螨在黄河流域和西北内陆棉区 1 年发生 10~15 代，长江流域棉区发生 20~30 代。黄河流域棉区以雌成螨在杂草、枯枝落叶及土缝中越冬，长江流域棉区可以各种虫态在杂草和树皮缝中越冬。春季气温达 10 ℃以上时开始活动，先在杂草或其他寄主上取食和繁殖，5 月中旬迁入棉田，6 月上旬至 8 月中旬在棉田为害。先为害下部叶片，后向上蔓延，虫量过多时可在叶端群集成团，滚落地面，随风向四周扩散，也可随水流、人为因素和近距离爬行扩散。单头雌螨可产卵

50~110粒，多产于叶背，卵期2~13 d。幼螨和若螨发育历期5~11 d，成螨寿命为19~29 d。雌螨也可孤雌生殖，其后代多为雄性。幼螨和前期若螨不甚活动，后期若螨活泼贪食。朱砂叶螨最适温度为25~30 ℃，最适相对湿度为35%~55%，因此高温低湿的6~7月为害重，尤其是干旱年份易于大发生。当温度30 ℃以上、相对湿度70%以上时，不利于其繁殖，暴雨对其有抑制作用。连作棉田、旱地、土壤瘠薄地、前作和邻作有豆类和瓜类的棉田发生较重。

防治措施

1. 农业防治　清除田间和田边杂草，清洁棉田，秋耕冬灌，可消灭大量越冬雌螨；棉田合理布局，避免与大豆、菜豆、茄子等寄主作物连作、邻作和间套作。

2. 生物防治

（1）保护利用自然天敌：棉叶螨自然天敌较多，如瓢虫、草蛉、捕食螨、小花蝽、肉食蓟马、蜘蛛等，棉田前期应少用或不用农药，保护自然天敌，充分发挥天敌的控制作用。

（2）人工释放天敌：棉叶螨点片发生期，人工释放捕食螨，在中心株上挂1袋，其两侧各挂1袋。

3. 化学防治　棉叶螨防治策略为"点片发生，点片挑治；连片发生，全田普治"，即发现一株打一圈，发现一点打一片，连片发生打全田。可选择专性杀螨剂进行喷雾防治，可选用药剂有73%炔螨特乳油1 000~1 500倍液，或1.8%阿维菌素乳油3 000~4 000倍液，或15%哒螨灵可湿性粉剂2 500倍液。喷药应在露水干后或傍晚时，均匀喷洒到叶背面，保证不漏喷有螨的植株和叶片。提倡不同类型和作用机制的杀螨剂轮换和复配使用。有机磷类杀虫剂可杀螨，但对天敌杀伤力强，尽量不要选用。

五、 棉蓟马

分布与为害

　　为害棉花的蓟马种类较多，主要有烟蓟马（又称葱蓟马）、花蓟马（又称台湾蓟马、黄蓟马），属缨翅目蓟马科。棉蓟马广泛分布于全国各棉区，其中，烟蓟马是北方棉区的优势种，寄主植物主要有棉花、烟草、葱、蒜、韭菜、瓜类、大豆等。花蓟马是长江流域棉区的优势种，寄主植物主要有棉花、水稻及十字花科、豆科、菊科植物等。棉蓟马成、若虫隐藏在卷叶或花器内（图1），锉吸棉花叶片和花蕊汁液，为害子叶、真叶、嫩头和生长点。嫩叶受害后叶面粗糙变硬，出现黄褐色斑，叶背沿叶脉处出现银灰色斑痕，叶片焦黄卷曲（图2）。生长点受害后可干枯死亡，子叶肥大，形成无头苗（公棉花）（图3），

图1　棉蓟马为害花

图2　棉蓟马为害棉叶

然后形成枝叶丛生的杈头苗，影响蕾铃发育，造成成熟期推迟。幼铃被害后表皮脱水，提前开裂（图4），影响产量和品质。

图3　棉蓟马为害造成无头棉（引自《中国植保手册》）

图4　棉蓟马为害铃造成开裂

形态特征

1. **烟蓟马**　卵肾形，长0.2 mm。若虫体淡黄色，触角6节。成虫体长约1.3 mm，浅黄至深褐色，翅狭长透明，边缘生有长毛（图5）。

2. **花蓟马**　卵肾形，长0.3 mm。若虫体橘黄色，触角7节。成虫体长1.3 mm，

图5　烟蓟马成虫（引自中国作物种质信息网）

褐色带紫，头胸部黄褐色，前翅宽而短（图6）。

图6　花蓟马成虫（引自《中国植保手册》）

发生规律

烟蓟马在东北地区1年发生3~4代，黄河流域棉区发生6~10代，华南地区10代以上。多以成虫或若虫在棉田土缝里和枯枝落叶下、葱蒜叶鞘内越冬，少数以蛹在土中越冬。早春先在越冬寄主上繁殖，棉苗出土后迁入棉田为害。成虫活跃、善飞，白天畏光，多在叶背取食，早晚或阴天时在叶面为害。卵产在叶背的叶肉或叶脉组织里。在棉田为害盛期为5月中下旬至6月上中旬，6月中旬以后为害减轻。花蓟马年发生10余代，以成虫越冬，成虫有趋花性，卵大部分产于植物花内组织中，如花瓣、花丝、花膜、花柄，一般产在花瓣上。早春主要在蚕豆花内为害，当蚕豆花萎蔫后向棉田转移。5~6月是为害盛期。苗期为害子叶和真叶嫩芽，花铃期为害花器和幼铃。烟蓟马适宜较干旱的地区和季节，当气温23~25℃，相对湿度44%~70%，有利其发生，多雨、相对湿度70%以上对其发生不利。中温、高湿的环境条件对花蓟马发生较为有利。邻近早春虫源田或与早春寄主间、套种棉田，发生早且重。

防治措施

1. 农业防治　冬春季及时铲除田边、地头杂草，结合间苗、定苗拔除无头棉和多头棉。棉花定苗后，如出现"多头花"，应去掉青嫩粗壮蘖枝，留下 2~3 枝较细的黄绿色枝条，可以使结铃数接近正常棉株。

2. 化学防治

（1）棉田外寄主田防治：棉苗出土前，用 40% 辛硫磷乳油 1 500~2 000 倍液喷雾，可防治早春寄主蚕豆、葱、蒜的田间虫源。

（2）药剂拌种：春棉区，将棉籽在 55~60 ℃温水中预浸 30 min，捞出后晾至种毛发白，用 10% 吡虫啉可湿性粉剂 60 g 拌棉种 10 kg。

（3）棉田防治：直播棉田迁入初期低龄若虫高峰期，可结合防治棉蚜兼治。蕾铃期用 10% 吡虫啉可湿性粉剂 2 000 倍液，或 1.8% 阿维菌素乳油 3 000~4 000 倍液喷雾，也可在防治其他害虫时兼治。

六、 烟粉虱

分布与为害

　　烟粉虱又名棉粉虱、白粉虱，属同翅目粉虱科。全国各棉区均有发生。寄主范围广泛，适应性强，可为害棉花、烟草、番茄，以及十字花科蔬菜、葫芦科、豆科、茄科等多种植物。以成虫和若虫在叶背面刺吸植物汁液（图1）。受害叶片正面出现褪色斑，虫口密度高时出现成片黄斑，严重时萎蔫枯死，蕾铃脱落。分泌的蜜露可诱发煤污病，降低叶片的光合作用，影响棉花产量和纤维品质（图2）。烟粉虱还可以传播棉花曲叶病毒，导致棉花曲叶病毒病。

图1　烟粉虱成虫在棉叶背部为害

图2　烟粉虱分泌蜜露影响棉花品质

形态特征

1. 成虫　雌成虫体长 1 mm 左右，雄成虫略小。体黄色，翅白色无斑点，被有白色细小粉状物（图 3、图 4）。

图 3　烟粉虱成虫

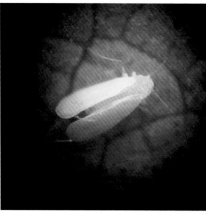

图 4　烟粉虱成虫放大图
（引自《中国植保手册》）

2. 若虫　体淡绿色至黄色，椭圆形，扁平，稍透明。1 龄若虫有足和触角，2、3 龄若虫足和触角退化，只有 1 节。3 龄若虫蜕皮后成为具有外生翅芽的伪蛹。

3. 伪蛹　略呈椭圆形或近似圆形，体长约 0.7 mm，后方稍收缩。淡黄白色。有 1 对尾刚毛。背盘区后端有 1 个管状孔，肛门开口于管状孔内，肛门能分泌大量蜜汁，积于舌状器上（图 5）。

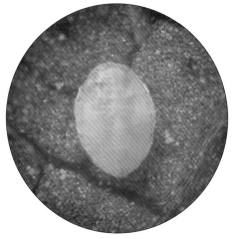

图 5　烟粉虱伪蛹放大图（引自《中国植保手册》）

4. 卵 不规则散产于叶背面，少量产于叶正面，卵有光泽，长梨形，有小柄，与叶面垂直，卵柄通过产卵器插入叶表裂缝中。初产时卵为淡黄绿色，孵化前颜色加深至深褐色。

发生规律

烟粉虱 1 年发生 9~11 代，世代重叠严重，每代 15~40 d。一般以卵或成虫或老熟若虫在杂草、残枝落叶上越冬。6 月中旬开始向棉田扩散，7 月中下旬以后，大量迁入棉田，8 月中下旬至 9 月中旬达到高峰，为害一直持续到 9 月底至 10 月初。卵多产在植株中部嫩叶上。成虫喜欢无风温暖天气，有趋黄性和趋嫩性，喜群聚于植株上部嫩叶背面取食和产卵。高于 40 ℃成虫死亡，相对湿度低于 60% 成虫停止产卵或死亡。在植株上各虫态的分布形成一定的规律，最上部的嫩叶以成虫和卵最多，稍下部的叶片多为初孵若虫，再下部为中、高龄若虫，最下部则以蛹最多。暴风雨能抑制其大发生，非灌溉区或浇水次数少时受害严重。

防治措施

1. 农业防治

（1）合理布局：保护地秋冬茬种植烟粉虱非寄主作物，如芹菜、菠菜、韭菜等，减少虫源，减轻翌年为害。

（2）培育无虫苗：苗床应远离温室，清除残株、杂草，熏杀残存成虫，控制外来虫源，如幼苗带虫应及早用药防治。

（3）清洁田园：及时清除田间、地头杂草。

2. 物理防治 利用烟粉虱的趋黄性，成虫始发期在田间放置黄色粘虫板诱杀成虫，每亩 30~40 块（25 cm×40 cm），黄板底部与植株顶端相平或略高。

3. 生物防治 在保护地释放丽蚜小蜂。烟粉虱发生初期（每株有粉虱成虫 0.5 头左右）即可第一次放蜂，蜂虫比 3∶1 为宜，每隔 7~10 d 放 1 次，连续放蜂 3~4 次。

4. 药剂防治 烟粉虱若虫发生盛期，上部、中部、下部各挑选一片叶，3 片叶总虫量达到 200 头时，用 1.8% 阿维菌素乳油 2 000~3 000 倍液，或 10% 吡虫啉可湿性粉剂 2 000 倍液，或 25% 噻嗪酮 (扑虱灵) 可湿性粉剂 1 000~1 500 倍液喷雾。

七、 棉尖象甲

分布与为害

棉尖象甲又名棉象鼻虫、棉小灰象甲，属鞘翅目象甲科。在我国各棉区均有分布。该虫除为害棉花外，还为害茄子、豆类、玉米、甘薯、谷子、大麻、高粱、小麦、水稻、花生、牧草、桃树、杨树等85种植物。以成虫啃食叶片造成缺刻或孔洞，有时咬断嫩尖，花蕾受害造成脱落，产量下降（图1、图2）。

图1 棉尖象甲及其为害状（引自《中国植保手册》）

图2 棉尖象甲田间为害状

形态特征

1. **成虫** 体长 4~5 mm，雌虫较肥大，雄虫较瘦小。身体和鞘翅黄褐色，鞘翅上具褐色不规则云形斑，体两侧、腹面黄绿色，具金属光泽。触角弯曲呈膝状。前胸背板近梯形，具褐色纵纹 3 条（图3~5）。

2. **卵** 椭圆形，有光泽。

3. **幼虫** 体长 4~6 mm，头部、前胸背板黄褐色，体黄白色，虫体后端稍细，末节具管状突起。

图3　棉尖象甲成虫（1）

4. **裸蛹** 长 4~5 mm，腹部末端有 2 根尾刺。

图4　棉尖象甲成虫（2）

图5　棉尖象甲成虫（3）

发生规律

1年发生1代。以幼虫在大豆、玉米残株根部土壤中越冬。4~5月气温升高后，幼虫上升至表土层，5月下旬至6月下旬化蛹，6月上旬羽化出土，6月中旬至7月中旬进入为害盛期，以后转移到玉米或谷子田中。成虫羽化后10多天交配，2~4 d后产卵，成虫寿命30 d左右。卵散产在禾本科作物基部1、2茎节表面或气生根、土表、土块下。幼虫孵化后即入土，为害嫩根。秋末气温下降，幼虫下移越冬。成虫喜群集，有假死性，以夜间为害为主。前茬为玉米的棉田虫量大，受害重。

防治措施

1.**农业防治** 利用棉尖象甲假死性，黄昏时一手持盆置于棉株下方，一手摇动棉株，使棉尖象甲落入盆中，集中杀灭。

2.**化学防治** 当百株虫量达30~50头时，选用40%辛硫磷乳油1 000倍液，或0.5%甲氨基阿维菌素苯甲酸盐微乳剂2 000倍液喷雾；或用40%乙酰甲胺磷乳油按1∶150比例配成毒土，每亩撒毒土30 kg。虫量大的田块，成虫出土期在田间挖10 cm深的坑，坑中撒施毒土，上面覆盖青草，翌日清晨集中杀灭。

八、 棉叶蝉

分布与为害

　　棉叶蝉又名棉叶跳虫，属同翅目叶蝉科。该虫广泛分布于全国各棉区，以黄河流域和西南棉区发生为害严重。棉叶蝉食性杂，不仅为害棉花，还可为害茄子、烟草、豆类、白菜、甘薯等多种作物。以成虫和若虫在棉叶背面吸取汁液(图1)。棉叶受害初期，叶尖端呈橘黄色，逐步蔓延到叶边缘，并向叶片中央扩展，叶片由橘黄色变为橘红色而焦枯、皱缩。严重时全田似火烧状，棉株矮小，蕾铃大量脱落，产量受影响。棉叶蝉除直接为害外，还传播病毒病。

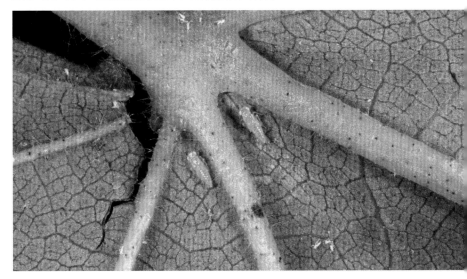

图1　棉叶蝉叶背为害状（引自《中国植保手册》）

形态特征

1. **成虫** 体长约 3 mm，淡黄绿色。前胸背板前缘区有 3 个白色斑点，后缘中央另有 1 个白点。小盾片淡黄绿色，中央白带及两侧白斑与前胸背板相接。前翅有光泽，半透明，翅端 1/3 处有黑褐色斑 1 个（图 2）。

2. **卵** 长肾形，长 0.7 mm，宽 0.15 mm。初产时卵为无色透明，近孵化时卵为淡绿色。

3. **若虫** 初孵时色较淡，头大，足长，无翅，以后逐渐变成黄绿色，翅芽发达，5 龄时前翅翅芽达第 4 腹节，黄色，后翅翅芽达第 4 腹节末端（图 3、图 4）。

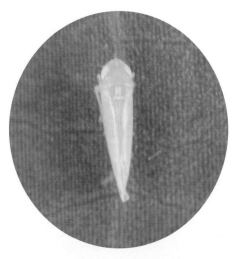

图 2　棉叶蝉成虫（引自《中国植保手册》）

图 3　棉叶蝉若虫（1）

图 4　棉叶蝉若虫（引自《中国植保手册》）（2）

发生规律

　　各地发生世代差异很大，田间世代重叠严重。成虫常栖息在植株中上部叶片背面，天气晴朗、气温较高时活动频繁。成虫有趋光性，活泼，一旦受惊扰，能飞能跳能横行，迅速逃走。抗寒力较强，越冬前的成虫多栖息在寄主近地面的叶片背面，温度高时仍可活动。成虫羽化后次日便可交尾产卵。卵多产于上部叶片背面的叶脉组织内，以中脉组织内较多。初孵若虫爬行迟缓，1~2龄若虫常群集为害，3龄后迁移为害。若虫共5龄，蜕皮粘在寄主叶片背面。

防治措施

　　1. 农业防治　选用多毛的抗虫品种，适时早播。及时清除田间及田边杂草。

　　2. 保护利用天敌　棉叶蝉的天敌主要有蜘蛛、蚂蚁、瓢虫、草蛉、隐翅虫等。

　　3. 化学防治　当百叶虫量达200头时，可选用10%吡虫啉可湿性粉剂，或3%啶虫脒可湿性粉剂2 500倍液，或25%噻嗪酮可湿性粉剂1 000倍液喷雾。

九、 棉红铃虫

分布与为害

　　棉红铃虫，又名红花虫、棉花蛆等，属鳞翅目麦蛾科。我国除甘肃的黄河两岸、河西走廊以及山西北部、宁夏、辽宁和新疆外，其他棉区均有分布。近年随着转 Bt 基因抗虫棉的广泛种植，对棉红铃虫也有较好的抗性，棉红铃虫的发生明显减轻。棉红铃虫主要为害棉花的蕾、花、铃和种子，引起蕾铃脱落、僵瓣等。幼虫从蕾顶端蛀入，造成幼蕾脱落。为害花时，花瓣不能张开，形成扭曲或冠状虫害花。幼虫钻入铃中，在铃壳内壁形成虫道，呈水青色（图1）。为害棉籽时，将种子吃空，被害籽棉形成僵瓣（图2）。

图1　棉红铃虫为害棉铃(引自《中国植保手册》)

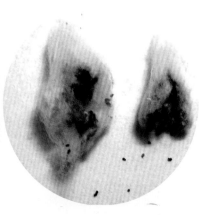

图2　棉红铃虫为害棉籽（引自《中国植保手册》）

形态特征

1. **成虫** 体长约 6.5 mm，翅展约 12 mm，灰棕褐色，前翅尖叶形，背面棕褐色，有 4 条不规则的黑褐色横纹，外缘有长缘毛；后翅菜刀状，银灰色，边缘有灰白色长缘毛 (图 3)。

2. **卵** 长 0.4 ~ 0.6 mm，形似大米，表面有花生壳纹，初产乳白色，近孵化时为淡红色，一端有小黑点。

3. **幼虫** 初孵幼虫体为淡黄色微红，老熟幼虫体长 11~13 mm，体表出现红斑，各节背面有 4 个小黑点，两侧各有 1 个黑点，周围红色，粗看全身呈红色 (图 4)。

 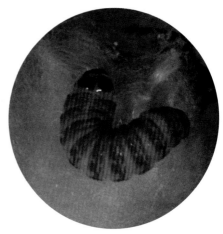

图 3　棉红铃虫成虫 (引自《中国植保手册》)　　图 4　棉红铃虫幼虫 (引自《中国植保手册》)

发生规律

棉红铃虫在黄河流域棉区 1 年发生 2~3 代，长江流域棉区 1 年发生 3~4 代。以幼虫在仓库籽棉 (或棉籽) 内或随棉花贮藏、加工爬至屋顶等缝隙处结白茧滞育越冬，也可在棉秆枯铃或落地枯铃内越冬。翌年春季越冬幼虫开始化蛹，羽化时间长达 2 个多月。长江流域各代卵发生盛期为 6 月下旬、8 月上旬、8 月底，秋季气温高时可发生不完全4代。成虫白天潜伏，夜间交配产卵，第1代多产在棉株嫩头嫩叶、幼蕾及苞叶上，第2代多产在中下部的青铃萼片和铃壳之间，第3代多产在中上部的青铃萼片内。成虫对黑光灯有趋性。初孵幼虫经1～2 h蛀入蕾内，每头幼虫可为害2~3个棉铃、2~7个棉籽。棉红铃虫发育适宜温度为25~30 ℃，适宜相对湿度为80%~100%，气温20 ℃以下或35 ℃以上对棉红铃虫发生不利，高温、干旱对成虫产卵和孵化均有一定的抑制作用。

防治措施

1. 农业防治 籽棉采收后，集中收购轧花，并于翌年4月前对籽棉和棉籽进行加工处理，可以破坏棉红铃虫的越冬场所。棉花仓库周边2 000 m内不种植棉花，经2~3年后可完全控制棉红铃虫的发生。

2. 保护利用自然天敌 棉红铃虫的天敌主要有寄生蜂、蜘蛛、猎蝽等。

3. 化学防治

（1）棉仓灭虫：籽棉入仓后用80%敌敌畏乳油800倍液喷洒，喷后封仓熏蒸3~4 d。

（2）喷雾防治：棉红铃虫产卵至孵化盛期，每亩用2.5%溴氰菊酯乳油25~30 mL，加40%辛硫磷乳油50 mL，对水50~70 kg均匀喷雾；或每亩用2.5%高效氟氯氰菊酯水乳剂30~40 mL，加48%毒死蜱乳油50 mL，对水50~70 kg喷雾。

十、　棉小造桥虫

分布与为害

　　棉小造桥虫又名棉夜蛾、量地虫、步曲，属鳞翅目夜蛾科。我国除新疆外其他各棉区均有分布，以黄河流域和长江流域棉区发生为害较重。该虫除为害棉花外，还为害木槿、冬葵、蜀葵、锦葵、黄麻、苘麻、烟草、木耳菜等多种植物。以幼虫啃食棉花叶片，造成孔洞或缺刻（图 1），甚至全叶被吃光仅留叶脉，严重时不留叶片，连同所有蕾、花和苞叶也全部食尽。棉铃受害后青铃不能充分成熟。

图 1　棉小造桥虫幼虫及为害状

形态特征

1. 成虫　体长 10~13 mm，头胸部橘黄色。前翅外端暗褐色，有 4 条波纹状横纹，内端全为黄色，密布红褐色小点（图 2）。

2. 幼虫　体色多为灰绿色或青绿色，身体各节有褐色刺毛，有白色的

图 2　棉小造桥虫成虫（引自《中国植保手册》）

亚背线、气门上线和气门下线。胸足 3 对，腹足 3 对着生于 4~6 腹节上，尾足 1 对，第 1~3 腹节常隆起呈桥状（图 1、图 3）。

3. 蛹　体型中等，赤褐色，头顶有一乳头状突起（图 4）。

4. 卵　扁圆形，青绿色，宽为高的 2 倍。

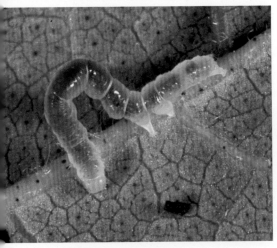

图 3　棉小造桥虫低龄幼虫（引自《中国植保手册》）

图 4　棉小造桥虫蛹（引自《中国植保手册》）

发生规律

棉小造桥虫在黄河流域棉区 1 年发生 3~4 代，长江流域棉区发生 5~6 代。南方以蛹在棉花枯叶或棉铃苞叶间或木槿等植物上结茧越冬，北方尚未发现越冬虫态。第 1 代幼虫主要为害木槿、苘麻等，第 2、3 代幼虫主要为害棉花。1 代幼虫为害盛期在 7 月中下旬，2 代在 8 月上中旬，3 代在 9 月上中旬。成虫有趋光性，多在夜间羽化，白天隐藏在棉叶背面、苞叶间或杂草丛中。卵多产在棉株中、下部叶片背面。幼虫 4 龄后进入暴食期，4~6 龄幼虫食叶量占一生食量的 95%。老熟幼虫在叶缘或苞叶中间吐丝缀连，做薄茧化蛹。发生适宜温度为 25~29 ℃，相对湿度为 75%~95%，雨日多、湿度大有利于棉小造桥虫的发生和为害。

防治措施

1. **农业防治** 拔棉柴后应清除枯枝、枯叶，集中烧毁，可杀灭越冬蛹；结合棉花整枝、打杈，摘除下部老叶并带出田外，可杀灭部分幼虫。

2. **生物防治** 棉小造桥虫的自然天敌主要有绒茧蜂、姬蜂、赤眼蜂、草蛉、胡蜂、小花蝽、猎蝽、蜘蛛、螳螂、瓢虫等。卵孵化盛期，用 2 000 IU/mL 苏云金杆菌可湿性粉剂 150 倍液喷雾。

3. **物理防治** 成虫发生期，用频振式杀虫灯、杨树枝把、黑光灯、高压汞灯等诱杀。频振式杀虫灯使用方法参照棉铃虫的防治方法。

4. **化学防治** 卵孵化盛期末至 3 龄幼虫盛期，当百株虫量达到 100 头时，用 40% 辛硫磷乳油 1 000 倍液，或 4.5% 高效氯氰菊酯乳油 1 500 倍液喷雾。

十一、 棉大造桥虫

分布与为害

　　棉大造桥虫又名棉步曲、棉尺蠖、棉叶尺蛾、脚攀虫,属鳞翅目尺蛾科。我国各棉区均有分布,长江流域棉区和黄河流域棉区发生较普遍,是一种间歇性暴发、局部为害的杂食性害虫。除为害棉花外,还为害豆类、花生、向日葵、麻类、柑橘、梨等多种植物,但一般年份主要在棉花、豆类等农作物上发生。该虫是棉花中后期食叶性害虫。幼虫咬食嫩芽和嫩茎,从叶边缘咬食叶片,受害严重时全株叶片被吃光成光杆。有时也为害花蕊,影响结铃。

形态特征

　　1. 成虫　体长 15~20 mm,体色变化很大,一般为浅灰褐色,也有黄白色、淡黄色、淡褐色。前翅暗灰色略带白色,中央有半月形白斑,外缘有 7~8 个半月形黑斑,连成一片(图 1)。

图 1　棉大造桥虫成虫(引自《中国植保手册》)

2.幼虫 老熟幼虫体长 40 mm，黄绿色，圆筒形，光滑，两侧密生黄色小点。有胸足 3 对，腹足 1 对，着生于第 6 腹节上，尾足 1 对（图 2）。

3.蛹 长 14 mm 左右，深褐色有光泽，尾端尖，臀刺 2 根（图 3）。

图 2 棉大造桥虫幼虫（引自《中国植保手册》）

图 3 棉大造桥虫蛹（引自《中国植保手册》）

发生规律

长江流域棉区 1 年发生 4~5 代，以蛹在土中越冬，初孵幼虫可吐丝随风飘移传播扩散。卵散产在土缝内或土面上，大发生时枝干和叶片上都可落卵。各代成虫盛发期分别为 6 月上中旬、7 月上中旬、8 月上中旬、9 月中下旬，有的年份 11 月上中旬可出现少量第 5 代成虫。完成 1 代需 32~42 d。成虫昼伏夜出，趋光性强，羽化后 2~3 d 开始产卵。10~11 月末代幼虫入土化蛹越冬。1 代主要为害豆类等早春作物，2 代开始为害棉花，3 代发生期因天气炎热，发生较轻，4 代在棉田和大豆田虫量增加。

防治措施

1. **农业防治** 拔棉柴后应清除枯枝、枯叶，集中烧毁，可杀灭越冬蛹；结合棉花整枝、打杈，摘除下部老叶并带出田外，可杀灭部分幼虫。

2. **生物防治** 棉大造桥虫的自然天敌主要有绒茧蜂、姬蜂、赤眼蜂、草蛉、胡蜂、小花蝽、猎蝽、蜘蛛、螳螂、瓢虫等。卵孵化盛期，用 2 000 IU/mL 苏云金杆菌可湿性粉剂 150 倍液喷雾。

3. **物理防治** 成虫发生期，用频振式杀虫灯、杨树枝把、黑光灯、高压汞灯等诱杀。频振式杀虫灯使用方法参照棉铃虫的防治方法。

4. **化学防治** 卵孵化盛期末至 3 龄幼虫盛期，当百株虫量达到 100 头时，用 40% 辛硫磷乳油 1 000 倍液，或 2.5% 高效氟氯氰菊酯乳油 1 500 倍液喷雾。

十二、 甜菜夜蛾

分布与为害

　　甜菜夜蛾又名贪夜蛾、玉米小夜蛾，属鳞翅目夜蛾科。该虫分布广泛，在我国各地均有发生。除为害棉花外，还为害甜菜、花生、玉米、芝麻、麻类、烟草、青椒、茄子、马铃薯等170余种植物。初孵幼虫群集叶背，吐丝结网，在网内取食叶肉，留下表皮，形成透明的小孔（图1）。3龄后分散为害，可将叶片、苞叶等吃成孔洞或缺刻，严重时

图1　甜菜夜蛾低龄幼虫群聚取食棉叶为害状

仅剩叶脉和叶柄，造成幼苗死亡，缺苗断垄，甚至毁种，对产量影响大（图2~4）。

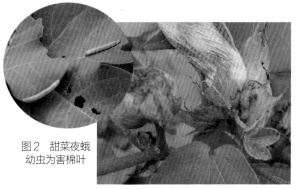

图2　甜菜夜蛾幼虫为害棉叶

图3　甜菜夜蛾幼虫为害棉花　　　　图4　甜菜夜蛾取食棉叶为害状

形态特征

1. **成虫** 体长 8~10 mm，翅展 19~25 mm，灰褐色，头、胸有黑点。前翅中央近前缘外有 1 个肾形斑，内有 1 个土红色圆形斑。后翅银白色，翅脉及缘线黑褐色（图 5）。

2. **卵** 圆球状，白色，成块产于叶面或叶背，每块 8~100 粒不等，排列为 1~3 层，因外面覆有雌蛾脱落的白色绒毛，不能直接看到卵粒（图 6 ~ 8）。

图 5 甜菜夜蛾成虫（引自《中国植保手册》）

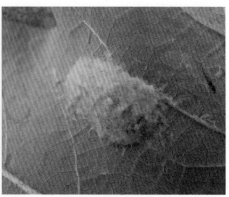

图 6 甜菜夜蛾卵块（外面覆有绒毛）

图 7 甜菜夜蛾卵粒

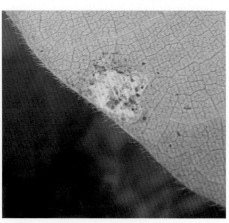

图 8 甜菜夜蛾正孵化卵

3. **幼虫** 共 5 龄，少数 6 龄。末龄幼虫体长约 22 mm，体色变化很大，有绿色、暗绿色、黄褐色、褐色至黑褐色，背线有或无，颜色各异。腹部气门下线为明显的黄白色纵带，有时带粉红色，不弯到臀足上，只到腹部末端，是区别于甘蓝夜蛾的重要特征，各节气门后上方具 1 个明显的白点 (图 9)。

4. **蛹** 长 10 mm，黄褐色，中胸气门外突 (图 10)。

图 9　甜菜夜蛾幼虫

图 10　甜菜夜蛾蛹 (引自《中国植保手册》)

发生规律

甜菜夜蛾在黄河流域棉区 1 年发生 4~5 代，长江流域棉区发生 5~7 代，世代重叠。通常以蛹在土室内越冬，少数以老熟幼虫在杂草上及土缝中越冬，冬暖时仍见少量取食。亚热带和热带地区可周年发生，无越冬休眠现象。成虫昼伏夜出，白天隐藏在杂草、土块、土缝、枯枝落叶处，夜间出来活动，有两个活动高峰期，即晚 7~10 时和早上 5~7 时进行取食、交配、产卵，成虫趋光性强。卵多产于叶背面、叶柄部或杂草上，卵块 1~3 层排列，上覆白色绒毛。幼虫共 5 龄 (少数 6 龄)，3 龄前群集为害，但食量小，4 龄后食量大增，昼伏夜出，有假死性，虫口过大时，幼虫可互相残杀。幼虫转株为害常从下午 6 时以后开始，凌晨 3~5 时活动虫量最多。常年发生期为 7~9 月，南方如春季雨水少、梅雨明显提前、夏季炎热，则秋季发生严重。幼虫和蛹抗寒力弱，北方地区越冬死亡率高，只间歇性局部猖獗为害。

防治措施

1. **农业防治**　秋末冬初耕翻可消灭部分越冬蛹；春季 3~4 月除草，消灭杂草上的低龄幼虫；结合田间管理，摘除叶背面卵块和低龄幼虫团，集中消灭。

2. **物理防治**

（1）灯光诱杀：成虫发生期，集中连片应用频振式杀虫灯、20 W 黑光灯诱杀成虫。

频振式杀虫灯单灯控制面积 30 ~ 50 亩，连片设置效果较好。灯悬挂高度，前期 1.5~2.0 m，中后期应略高于作物顶部。2 代甜菜夜蛾羽化期（6 月上旬）开灯，8 月底撤灯，只在成虫发生盛期开灯。每日开灯时间为晚 9 时至次日凌晨 4 时。

（2）性诱剂诱杀：在甜菜夜蛾成虫羽化期采用甜菜夜蛾性诱剂诱杀成虫，每 1~2 亩放置一只诱捕器，诱捕器略高于棉株顶部，每 20 d 更换一次性诱芯。

3. **生物防治**　保护利用自然天敌，甜菜夜蛾天敌主要有草蛉、猎蝽、蜘蛛、步甲等。生物制剂防治，卵孵化盛期至低龄幼虫期亩用 5 亿 PIB/g 甜菜夜蛾核型多角体病毒悬浮剂 120~160 mL，或 16 000 IU/mg 苏云金杆菌可湿性粉剂 50~100 g 喷雾。

4. **化学防治**　1~3 龄幼虫高峰期，用 20% 灭幼脲悬浮剂 800 倍液，或 5% 氟铃脲乳油，或 5% 氟虫脲分散剂 3 000 倍液喷雾。甜菜夜蛾幼虫晴天傍晚 6 时后会向植株上部迁移，因此，应在傍晚喷药防治，注意叶面、叶背均匀喷雾，使药液能直接喷到虫体及其为害部位。

十三、 斜纹夜蛾

分布与为害

　　斜纹夜蛾又名莲纹夜蛾、斜纹夜盗蛾，属鳞翅目夜蛾科。我国各地均有分布，以长江流域和黄河流域发生严重。此虫食性杂，寄主植物广泛，除为害棉花外，还可为害多种蔬菜、甘薯、花生、大豆、芝麻、烟草、向日葵、甜菜、玉米、高粱、水稻等多种作物。该虫以幼虫为害作物的叶片、蕾、花和铃。初孵幼虫群集一起，在叶背取食下表皮和叶肉，留下上表皮和叶脉形成窗纱状（图1），后分散为害，取食叶片、蕾铃、花瓣和茎秆，严重的把叶片吃光或仅留叶脉，造成蕾铃脱落或烂铃（图2）。

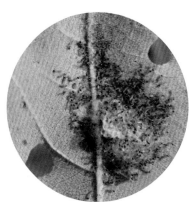

图1　斜纹夜蛾初孵幼虫为害状
（引自《中国植保手册》）

图2　斜纹夜蛾幼虫取食棉叶为害状

形态特征

1. 成虫 体长 14~21 mm，展翅 33~42 mm。体深褐色，头、胸、腹褐色。前翅灰褐色，内外横线灰白色，有白色条纹、波浪纹、前翅环纹及肾纹，白边。后翅半透明，白色，外缘前半部褐色（图 3）。

2. 卵 半球形，卵粒常常 3~4 层重叠成块，卵块椭圆形，上覆黄褐色绒毛。

3. 幼虫 老熟幼虫体长 38~51 mm，黄绿色，杂有白斑

图 3 斜纹夜蛾成虫

点，第 2、3 节两侧各有 2 个小黑点，第 3、4 节间有 1 条黑色横纹，横贯于亚背线及气门线间，第 10、11 节亚背线两侧各有 1 个黑点，气门线上亦有黑点（图 4、图 5）。

图 4 斜纹夜蛾幼虫

图 5 斜纹夜蛾老熟幼虫

4.蛹 赤褐色至暗褐色。腹第4节背面前缘及第5～7节背、腹面前缘密布圆形刻点。气门黑褐色，呈椭圆形。腹端有臀棘1对，短，尖端不成钩状（图6）。

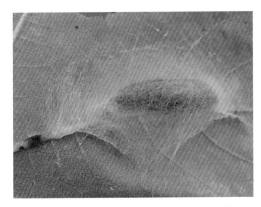

图6 斜纹夜蛾蛹（引自《中国植保手册》）

发生规律

斜纹夜蛾在长江流域棉区1年发生5~6代，黄河流域棉区1年发生4~5代，华南地区可终年繁殖。棉田6~10月为发生期，以7~8月为害严重，黄河流域棉区8～9月为害重。多以蛹或少数老熟幼虫越冬，翌年3月羽化。成虫昼伏夜出，黄昏开始活动，对灯光、糖醋液、发酵的胡萝卜和豆饼等有强趋性。成虫有随气流迁飞习性，早春由南向北迁飞，秋天又由北向南迁飞。卵块上面覆盖绒毛。幼虫共6龄，老熟幼虫做土室或在枯叶下化蛹。初孵幼虫群栖，能吐丝随风扩散。2龄后分散为害，3龄后多隐藏于荫蔽处，4龄后进入暴食期，以晚9~12时取食最烈。斜纹夜蛾为喜温性害虫，最适温度为28~30℃，气温35~40℃也能正常生长发育，但抗寒力弱。水肥条件好、生长茂密田块发生严重。土壤干燥对其化蛹和羽化不利，大雨和暴雨对低龄幼虫和蛹均有不利影响。

防治措施

1.农业防治 于卵盛发期晴天上午9时前或下午4时后，人工摘除卵块或初孵"虫窝"。

2．生物防治

（1）保护利用自然天敌：斜纹夜蛾自然天敌主要有草蛉、猎蝽、蜘蛛、步甲等，作物田尽量少用化学农药，可减少对天敌的杀伤。

（2）利用生物制剂防治：卵孵化盛期至低龄幼虫期，亩用 10 亿 PIB/g 斜纹夜蛾核型多角体病毒可湿性粉剂 40~50g，或 100 亿孢子 /mL 短稳杆菌悬浮剂 800~1 000 倍液喷雾。

3．物理防治 利用频振式杀虫灯、黑光灯、糖醋液或豆饼、甘薯发酵液诱杀成虫。

4．化学防治 卵孵化盛期至低龄幼虫期，用 2.5% 溴氰菊酯乳油 2 000~3 000 倍液，或 48% 毒死蜱乳油 1 000 倍液，或 20% 灭幼脲悬浮剂 800 倍液，或 1.8% 阿维菌素乳油 1 000 倍液均匀喷雾。

十四、 银纹夜蛾

分布与为害

银纹夜蛾又名黑点银纹夜蛾、豆银纹夜蛾、菜步曲、豆尺蠖、豆青虫等，属鳞翅目夜蛾科。分布在全国各地，可为害棉花、豆类作物，茄子及油菜、甘蓝、花椰菜、白菜、萝卜等十字花科蔬菜等多种植物。该虫以幼虫食害叶片，初孵幼虫群集在叶背面剥食叶肉，残留表皮，大龄幼虫则分散为害，蚕食叶片成孔洞或缺刻，发生严重时将叶片吃光。

形态特征

1. 成虫 体长 15~17 mm，翅展 32~35 mm，体灰褐色。前翅深褐色，具 2 条银色横纹，翅中有一显著的 U 形银纹和一个近三角形银斑；后翅暗褐色，有金属光泽（图 1）。

图 1 银纹夜蛾成虫

2.**卵**　半球形，初产时乳白色，后为淡黄绿色，卵壳表面有格子形条纹（图2）。

3.**幼虫**　老熟幼虫体长25~32 mm，体淡黄绿色，前细后粗，体背有纵向的白色细线6条，气门线黑色。第1、2对腹足退化，行走时呈屈伸状（图3、图4）。

4.**蛹**　体较瘦，前期腹面绿色，后期全体黑褐色，腹部1、2节气门孔明显突出，尾刺1对，具薄丝茧（图5、图6）。

图2　银纹夜蛾卵　　　　　　　　图3　银纹夜蛾幼虫

图5　银纹夜蛾
蛹（前期）

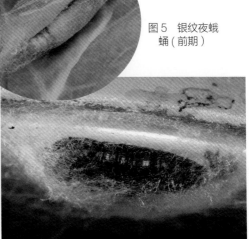

图4　银纹夜蛾幼虫　　　　　　图6　银纹夜蛾蛹（后期）

发生规律

银纹夜蛾 1 年发生 3~7 代，以蛹越冬。翌年 4 月可见成虫羽化，羽化后经 4~5 d 进入产卵盛期，卵多散产于叶背，第 2~3 代产卵最多。成虫昼伏夜出，有趋光性和趋化性。初孵幼虫在叶背取食叶肉，3 龄后取食嫩叶成孔洞，且食量大增。幼虫共 5 龄，有假死性，受惊后会卷缩掉地。在室温下，幼虫期 10 d 左右。老熟幼虫在寄主叶背吐白丝作茧化蛹。

防治措施

1. **农业防治**　冬季清除枯枝落叶，以减少翌年的虫口基数；根据残破叶片和虫粪，人工捕杀幼虫和虫茧。

2. **物理防治**　利用成虫的趋光性，用黑光灯或频振式杀虫灯诱杀成虫。

3. **生物防治**　保护和利用天敌。卵孵化盛期至低龄幼虫期，施用每克含 100 亿以上孢子的青虫菌粉剂 500 倍液喷雾。

4. **化学防治**　防治的最佳时期为卵孵化盛期至幼虫 3 龄以前，在叶的正反两面喷雾。所用药剂有 10% 二氯苯醚菊酯乳油 1 000~1 500 倍液，或 2.5% 溴氰菊酯乳油 2 000~3 000 倍液，或 20% 甲氰菊酯乳油 3 000 倍液，或 2.5% 联苯菊酯乳油 3 000 倍液，或 50% 辛硫磷乳油 1 000~1 500 倍液等。

十五、 玉米螟

　　玉米螟又称钻心虫，以亚洲玉米螟为主，属鳞翅目夜蛾科。广泛分布于全国各棉区，以黄河流域棉区发生为害严重。主要为害作物有玉米、高粱、谷子、棉、麻、豆类等。玉米螟幼虫从嫩头下部或上部叶片叶柄基部蛀入，使嫩头和叶片凋萎下垂或折断。幼虫蛀入主茎后植株上部枯死或折断，蛀害棉花幼蕾时易形成虫害花，即"扭花"，一般不吃光。蛀入青铃后引起脱落，蛀入大铃食成空洞，引起烂铃或铃室内的纤维和棉籽固结成黑色饼状或成僵铃（图1）。

图1　玉米螟为害棉铃（引自《中国植保手册》）

形态特征

1. **成虫** 体长 12~15 mm，翅展 22~35 mm，土黄色。雌蛾体粗壮，前翅鲜黄色，翅基2/3 处具棕色条纹及一条褐色波纹状线，外侧具黄色锯齿状线。雄蛾削瘦，翅色较雌蛾略深，头、胸、前翅黄褐色，胸部背面浅黄褐色。前翅内横线暗褐色，波纹状，内侧黄褐色，基部褐色；外横线暗褐色，锯齿状，外侧黄褐色，再外侧具褐色带，与外缘平行；内、外横线间褐色，后翅浅褐色（图2、图3）。

图2 玉米螟成虫（1）

2. **卵** 多产在叶背，呈扁椭圆形，白色，多粒排成块状（图4）。

图3 玉米螟成虫（2）

图4 玉米螟卵

3. **幼虫** 共 5 龄，老熟幼虫体长 20~30 mm，体色深浅不一，多为浅褐色或淡红色，背部略带粉红色，中央有 1 条明显的背线，腹部 1~8 节背面各有两列横排的毛瘤，前 4 个较大。头褐色有黑点（图 5）。

4. **蛹** 纺锤形，红褐色，长 15~18 mm，腹部末端有 5~8 根刺钩（图 6）。

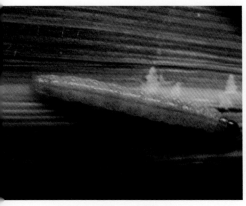

图5 玉米螟幼虫　　　　　图6 玉米螟蛹

发生规律

玉米螟在黄河流域棉区 1 年发生 3 代。以老熟幼虫在寄主被害部位及根茬内越冬。越冬代成虫多在 5 月上旬羽化，5 月中下旬为蛾盛期，5 月末至 6 月初为产卵盛期。卵多产在小麦、春玉米和棉苗上，孵化后幼虫取食小麦、玉米和棉花。6 月上中旬为幼虫为害盛期。2、3 代主要在玉米、高粱和其他作物上取食，仅少数为害棉花。长江流域棉区年发生 3~4 代，为害高峰期多在 7 月下旬至 8 月中下旬，前期为害叶柄和茎秆，后期为害棉铃。玉米螟越冬基数大的年份，棉田发生严重，4~5 月温度偏低、湿度偏高年份棉田为害严重。成虫昼伏夜出，有趋光性。成虫将卵产在叶背部，每块卵 20~60 粒，每头雌虫可产卵 400~500 粒，卵期 3~5 d，幼虫 5 龄，历期 17~24 d，初孵幼虫有吐丝下垂习性。玉米螟的发生适宜温度为 16~30 ℃，相对湿度在 80% 以上。长期干旱、大风大雨能使卵量减少，卵及初孵幼虫大量死亡。

防治措施

1. 农业防治　在春季越冬幼虫化蛹羽化前，采用烧柴、沤肥、做饲料等办法处理棉柴和玉米、高粱秸秆，降低越冬幼虫数量。

2. 诱杀成虫　在成虫盛发期，采用频振式杀虫灯或性诱剂诱杀技术，能够诱杀大量成虫，减轻为害。

3. 生物防治

（1）保护利用自然天敌：玉米螟的天敌主要有赤眼蜂、长距茧蜂、黑卵蜂、草蛉等。

（2）人工释放赤眼蜂：在玉米螟产卵始期至产卵盛末期，每亩释放 1 万 ~2 万头赤眼蜂，连放 2 次。

（3）生物农药防治：卵孵化初期，幼虫尚未钻蛀，用 2 000 IU/mLBt 悬浮剂 400 倍液喷雾（转 Bt 基因抗虫棉田严禁使用），还可利用白僵菌封垛，每立方米秸秆垛用菌粉 (每克含孢子 50 亿 ~100 亿个)100 g，在玉米螟化蛹前喷在垛上。

4. 化学防治　卵孵化初期至盛期，用 25% 灭幼脲悬浮剂 600 倍液，或 40% 辛硫磷乳油 1 500 倍液，或 2.5% 溴氰菊酯乳油 20~30 g，或 20% 氯虫苯甲酰胺悬浮剂 5 g，对水 50 kg 喷雾，将害虫控制在钻蛀棉株或棉铃前。麦套棉田可在麦收前结合防治蚜虫兼治玉米螟，防止玉米螟转移到棉花上。

十六、 地老虎

分布与为害

　　地老虎又名土蚕、地蚕、黑土蚕、黑地蚕，属鳞翅目夜蛾科。棉田主要种类有小地老虎、黄地老虎、大地老虎和八字地老虎等。小地老虎在我国各棉区均有发生，黄地老虎主要分布在西北内陆棉区和黄河流域棉区。该虫食性较杂，可为害棉花、玉米、烟草、芝麻、豆类和多种蔬菜等春播作物，也取食藜、小蓟等杂草，是多种作物苗期的主要害虫。幼虫在土中咬食种子、幼芽，老龄幼虫可将幼苗基部咬断，造成缺苗断垄，1、2龄幼虫啃食叶肉，残留表皮呈"窗孔状"。子叶受害，可形成很多孔洞或缺刻。棉苗生长点被咬断，形成"多头棉"或"公棉"，开花结铃少且迟。1头地老虎幼虫一生可为害3~5株幼苗，多的达10株以上。

形态特征

　　1. 小地老虎　成虫体长17~23 mm，灰褐色，前翅有肾形斑、环形斑和棒形斑。肾形斑外边有1个明显的尖端向外的楔形黑斑，亚缘线上有2个尖端向里的楔形斑，3个楔形斑相对，易识别（图1）。老熟幼虫体长37~50 mm，头部褐色，有不规则褐色网纹，臀板上有2条深褐色纵纹（图2）。蛹体长18~24 mm，第4~7节腹节基部有一圈刻点，在背面的大而深，末端具1对臀刺。

　　2. 黄地老虎　成虫体长14~19 mm，前翅黄褐色，有1个明显的黑褐色肾形斑和黄色斑纹（图3）。老熟幼虫体长33~45 mm，头部深黑褐色，有不规则的深褐色网纹，臀板有 2 个大块黄褐色斑纹，中央断开，有分散的小黑点。

3. 大地老虎　成虫体长 25~30 mm，前翅前缘棕黑色，其余灰褐色，有棕黑色的肾状斑和环形斑（图 4）。老熟幼虫体长 41~60 mm，黄褐色，体表多皱纹，臀板深褐色，布满龟裂状纹。

图 1　小地老虎成虫

图 2　小地老虎幼虫

图 3　黄地老虎成虫

图 4　大地老虎成虫

发生规律

　　小地老虎在黄河流域 1 年发生 3~4 代,长江流域 1 年发生 4~6 代,以幼虫或蛹越冬,黄河以北不能越冬。卵产在土块、地表缝隙、土表的枯草茎和根须上,以及农作物幼苗和杂草叶片的背面。1 代卵孵化盛期在 4 月中旬,4 月下旬至 5 月上旬为幼虫盛发期,阴凉潮湿、杂草多、湿度大的棉田虫量多,发生重。

　　黄地老虎在西北地区 1 年发生 2~3 代,黄河流域 1 年发生 3~4 代,以老熟幼虫在土中越冬,翌年 3~4 月化蛹,4~5 月羽化,成虫发生期比小地老虎晚 20~30 d,5 月中旬进入 1 代卵孵化盛期,5 月中下旬至 6 月中旬进入幼虫为害盛期。黄地老虎只有第 1 代幼虫为害秋苗。一般在土壤黏重、地势低洼和杂草多的作物田发生较重。

　　大地老虎在我国 1 年发生 1 代,以幼虫在土中越冬,翌年 3~4 月出土为害,4~5 月进入为害盛期,9 月中旬后化蛹羽化,在土表和杂草上产卵,幼虫孵化后在杂草上生活一段时间后越冬,其他习性与小地老虎相似。

防治措施

　　1. 农业防治　播前精细整地,清除杂草,苗期灌水,可消灭部分害虫。

　　2. 物理防治　成虫发生期用频振式杀虫灯、黑光灯、杨树枝把、新鲜的桐树叶和糖醋液(糖:醋:酒:水 =6:3:1:10)等方法可诱杀地老虎成虫。

　　3. 生物防治　地老虎的主要天敌有寄生蜂、步甲、虎甲等,应保护利用天敌。

　　4. 化学防治　地老虎幼虫发生期,用 90% 晶体敌百虫 100 g 对水 1 000 g 混匀后喷洒在 5 kg 炒香的麦麸或砸碎炒香的棉籽饼上拌匀,配制成毒饵,傍晚顺垄撒施在幼苗附近可诱杀幼虫。低龄幼虫发生期,用 90% 晶体敌百虫 1 000 倍液，或 40% 辛硫磷乳油 1 500 倍液，或 20% 氰戊菊酯乳油 1 500~2 000 倍液喷雾，注意辛硫磷浓度不能超过 1 000 倍液，避免产生药害。

十七、 蜗牛

分布与为害

　　蜗牛又名蜒蚰螺、水牛，属于软体动物门腹足纲柄眼目巴蜗牛科。主要有同型巴蜗牛和灰巴蜗牛两种。同型巴蜗牛主要分布于长江流域棉区、黄河流域棉区及华南各省棉区，尤以沿江、沿海棉区发生量大。灰巴蜗牛除西北内陆棉区外其他各棉区均有分布。蜗牛为长江中下游、江淮和黄淮棉区偶发性软体动物，除为害棉花外，还为害豆科、十字花科、茄科、瓜类、草莓等。蜗牛在棉田为点片发生，但可造成严重产量损失。当每平方米成、幼贝 3~5 头时，棉花缺苗断垄 5%~10%；当 5 头以上或成贝量大时，缺苗率可超过 15%。以成贝和幼贝为害棉花嫩叶、茎、花、蕾、铃，用齿舌和颚片刮锉，形成不整齐的缺刻或孔洞；初孵幼螺只取食叶肉，留下表皮。蜗牛可分泌白色有光泽的黏液，食痕部易受细菌侵染，粪便和分泌黏液还可产生霉菌，附着在爬行痕上，影响棉苗生长。棉花子叶期受害最重，苗期咬断幼苗造成缺苗断垄，真叶期可吃光叶片，现蕾期将棉叶嫩头咬破，受害株生长发育推迟（图1、图2）。

图1 蜗牛为害棉叶及为害状（引自《中国植保手册》）

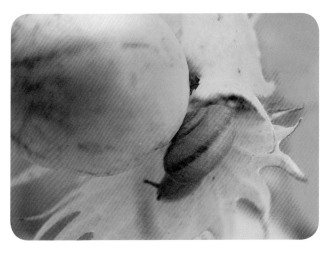

图 2　蜗牛为害棉铃（引自《中国植保手册》）

形态特征

　　灰巴蜗牛和同型巴蜗牛成螺的贝壳大小中等，壳质坚硬。

　　1. 灰巴蜗牛（图 3）　壳较厚，呈圆球形，壳高 18~21 mm，宽 20~23 mm，有 5.5~6 个螺层，顶部几个螺层增长缓慢，略膨胀，体螺层急剧增长膨大；壳面黄褐色或琥珀色，常分布暗色不规则形斑点，并具有细致而稠密的生长线和螺纹；壳顶尖，缝合线深，壳口呈椭圆形，口缘完整，略外折，锋利，易碎。轴缘在脐孔处外折，略遮盖脐孔，脐孔狭小，呈缝隙状。卵为球形，白色。

图 3　灰巴蜗牛

2.同型巴蜗牛（图4）　壳质厚，呈扁圆球形，壳高 11.5~12.5 mm，宽15~17 mm，有 5~6 层螺层，顶部几个螺层增长缓慢，略膨胀，螺旋部低矮，体螺层增长迅速、膨大；壳顶钝，缝合线深，壳面呈黄褐色至灰褐色，有稠密而细致的生长线。体螺层周缘或缝合线处常有一条暗褐色带，有些个体无。壳口呈马蹄形，口缘锋利，

图 4　同型巴蜗牛（引自《中国植保手册》）

轴缘外折,遮盖部分脐孔。脐孔小而深，呈洞穴状。个体间形态变异较大。卵为球形，乳白色，有光泽，渐变为淡黄色，近孵化时为土黄色。

发生规律

　　蜗牛属雌雄同体、异体交配的动物，一般 1 年繁殖 1 ~ 3 代，在阴雨多、湿度大、温度高的季节繁殖很快。5 月中旬至 10 月上旬是它们的活动盛期，6~9 月活动最为旺盛，一直到 10 月下旬开始下降。

　　11 月下旬以成贝和幼贝在田埂土缝、残株落叶、宅前屋后的砖块瓦片等物体下越冬。翌年 3 月上中旬开始活动，蜗牛白天潜伏，傍晚或清晨取食，遇阴雨天则整天栖息在植株上。4 月下旬至 5 月上旬成贝开始交配，此后不久产卵，成贝一年可多次产卵，卵多产于潮湿疏松的土里或枯叶下，每个成贝可产卵 50~300 粒。卵表面具黏液，干燥后把卵粒粘在一起成块状，初孵幼贝多群集在一起聚食，长大后分散为害，喜栖息在植株茂密低洼潮湿处。

　　一般成贝存活 2 年以上，性喜阴湿环境，如遇雨天，昼夜活动，

因此温暖多雨天气及田间潮湿地块受害较严重。干旱时，白天潜伏，夜间出来为害；若连续干旱，便隐藏起来，并分泌黏液，封住出口，不吃不动，潜伏在潮湿的土缝中或茎叶下，待条件适宜时，如下雨或浇水后，于傍晚或早晨外出取食。11月下旬又开始越冬。

蜗牛行动时分泌黏液，黏液遇空气干燥发亮，因此蜗牛爬行的地面留下黏液痕迹。

防治措施

1. 农业防治

（1）清洁田园：铲除田间、地头、垄沟旁边的杂草，及时中耕松土、排出积水等，破坏蜗牛栖息和产卵场所。

（2）深翻土地：秋后及时深翻土壤，可使部分越冬成贝、幼贝暴露于地面冻死或被天敌啄食，卵则被晒裂而死。

（3）石灰隔离：地头或行间撒10 cm左右宽的生石灰带，每亩用生石灰5~7.5 kg，可将越过石灰带的蜗牛杀死。

2. 物理防治

利用蜗牛昼伏夜出、黄昏为害的特性，在田间或保护地中(温室或大棚)设置瓦块、菜叶、树叶、杂草，或扎成把的树枝，白天蜗牛常躲在其中，可集中捕杀。

3. 化学防治

（1）毒饵诱杀：用多聚乙醛配制成含2.5%~6%有效成分的豆饼(磨碎)或玉米粉等毒饵，在傍晚时，均匀撒施在田垄上进行诱杀。

（2）撒颗粒剂：6%四聚乙醛杀螺颗粒剂0.5~0.6 kg，或10%多聚乙醛颗粒剂，每亩用2 kg，均匀撒于田间进行防治。

（3）喷洒药液：当清晨蜗牛未潜入土时，用70%氯硝柳胺可湿性粉剂1 000倍液，或四聚乙醛，或硫酸铜800~1 000倍液，或氨水70~100倍液，或1%食盐水喷洒防治。